全国港澳研究会 委托项目

广东南方软实力研究院
广东省社会科学院 合作项目

东江水两地情

——内地与香港关系视野中的东江水供香港问题研究

姜海萍 张承良 邓开颂 编著

SPM 南方出版传媒

全国优秀出版社 全国百佳图书出版单位 广东教育出版社

·广州·

图书在版编目（CIP）数据

东江水　两地情：内地与香港关系视野中的东江水供香港问题研究/姜海萍，张承良，邓开颂编著.—广州：广东教育出版社，2020.1

ISBN 978-7-5548-3072-7

Ⅰ. ①东…　Ⅱ. ①姜…　②张…　③邓…　Ⅲ. ①东江—供水水源—研究—香港　Ⅳ. ①TU991.11

中国版本图书馆CIP数据核字（2019）第254992号

策　　划：李敏怡
责任编辑：严洪超　陈康力
责任技编：黄　康
装帧设计：陈国梁

东江水 两地情——内地与香港关系视野中的东江水供香港问题研究
DONGJIANGSHUI LIANGDIQING ——NEIDI YU XIANGGANG GUANXI SHIYE ZHONG DE DONGJIANGSHUI GONG XIANGGANG WENTI YANJIU

广 东 教 育 出 版 社 出 版 发 行
（广州市环市东路472号12-15楼）
邮政编码：510075
网址：http://www.gjs.cn
广东新华发行集团股份有限公司经销
广州市岭美文化科技有限公司印刷
（广州市荔湾区花地大道南海南工商贸易区A幢）
787毫米×1092毫米　16开本　16印张　6插页　335 000字
2020年1月第1版　2020年1月第1次印刷
ISBN 978-7-5548-3072-7
定价：48.00元
质量监督电话：020-87613102　邮箱：gjs-quality@nfcb.com.cn
购书咨询电话：020-87615809

周恩来总理的亲笔题字“一定要保护好东江源头水”（此处为东江水源头所在地，位于江西省安远县与寻乌县交界的三百山基隆嶂福熬塘）；广东省水利电力厅原厅长刘兆伦题写的“东江源头，椏髻钵山”

东江源头——江西寻乌水

河源新丰江

供港清水经过计量流向香港

深圳水库一景

薄扶林瀑布的清泉，是香港开埠初期居民及商旅取水的主要地点（摄于1875—1880年间）

香港居民利用竹管从山上引水（摄于1900年左右）

亚宾尼滤水池，位于香港中环半山

香港第一个水塘——薄扶林水塘（摄于19世纪60年代末）

1929年大旱，香港水塘全告枯竭，当时容量最大的大潭笃水塘也几乎干至见底（摄于1929年）

1963年，香港遭遇百年一遇的大旱（缺水严重），每4天只能供水1次。图为当年市民排队取水

香港在每4日供水4小时实施期间，找水源烧饭、洗衣是妇女们日常生活的重责，挑水的行列也以女性为主

1963年，为了缓解水荒，港英当局征得广东省政府同意，租用大批油轮，往珠江口抽取淡水。图为满载淡水的油轮正在码头卸下淡水的情形（摄于1963年6月）

深圳水库库区原村庄

著名粤剧演员红线女在深圳水库慰问修建水库的工人（1960年）

深圳水库是向香港供水的重要水源。图为1959年深圳水库修建的情景

中央新闻纪录电影制片厂在拍摄建设中的深圳水库（1960年）

东深供水工程技术设计人员的工作场景。当时设计团队的理念是要“又快又好地完成东深供水工程设计，早日给香港同胞供水”

1964年2月，广东省人民政府动用大量人力物力，在东江深圳沿线80多千米，展开了东深供水工程建设

1965年2月27日，东江—深圳供水首期工程竣工典礼在东莞塘头厦（今塘厦境内）举行。该工程当年就向香港供水6000万立方米，占当时香港全年用水量的三分之一

横跨深圳河支流梧桐河的东深供水工程输水管

2000年12月30日，香港特别行政区行政长官董建华先生一行，在广东省人民政府有关部门领导和东莞市领导的陪同下视察了东深供水改造工程施工工地

为了接收东江水，香港于20世纪60年代兴建船湾淡水湖。图为船湾淡水湖建成后，1969年8月第一次满溢，市民于溢洪口嬉水、捕鱼，欣然享受急流飞瀑的乐趣

香港地区内的密封输水管道

东深供水改造工程纪念广场

东江源生态环境优良，景色秀丽

广东省高度重视东深供水工程和水质的安全，1991年授权成立深圳市东深公安分局，负责工程安全保卫及协助水质保护，时刻守护着这条“生命线工程”。图为水上巡逻队

2015年5月28日，广东省水利厅厅长林旭钿和香港发展局局长陈茂波代表粤港政府签订供水协议

2016年10月，江西、广东两省签订《东江流域上下游横向生态补偿协议》

前　言

水是生命之源。水，意味着生存，意味着发展，意味着稳定，意味着繁荣。

东江是珠江流域内一条哺育河流两岸四千多万人的母亲河，是东江流域中下游河源、惠州、东莞、广州、深圳、香港等城市的生命水、经济水。

香港是当前世界最活跃的重要贸易中心、金融中心、航运中心、旅游中心和信息中心之一。根据瑞士管理学院（IMD）《2015年世界竞争力年报》（2015年5月27日），中国香港是世界最具竞争力的地区之一，排名第二，仅次于美国纽约。香港由19世纪中期几万人的小城市发展到如今七百多万人口的国际化大都市，以其辉煌的经济成就被誉为“东方明珠”。

香港经济之所以能取得如此丰硕的成果，除了得益于优越的地理位置、富有成效的经济政策和健全的司法制度外，还得益于不断完善的城市供水、能源电力、交通通信等社会基础设施，它们为香港经济的发展提供了不可缺少的物质基础，创造了良好的资源环境。

香港水资源匮乏。1963年水荒，导致农业损失达一千万港元，另外13个行业因停产损失达六千万港元。三百多万居民生活用水受限，人们在街上公共供水站排成长队，限时供水严重影响了民众的正常生活。缺水，不但严重影响了香港民生和社会稳定，同时也限制了经济的发展。

1975—1995年的20年间，香港经济增长逾三倍，本地生产总值平均每年有大约7.5%的增长，较世界经济增长快逾一倍。香港经济高速增长正是始于20世纪60年代东深供水工程建成后，供水量不断增加并最终成为主要水源的环境下。东深供水工程先后经过三次扩建，正值香港经济处于高速发展的时期。可以说，东江水供港是香港经济得以崛起并高度繁荣的重要因素之一。

东江水是香港的生命水，东江水供港体现了中央政府关心香港民生和经济发展的善意。但近年在世界范围内出现的反建制、反精英、反全球化的民粹主义思潮影响下，香港出现了一些质疑东江水供港的奇谈怪论。有人片面强调东江水是真金白银买来的，有人声称香港购买了“贵水”，更有个别人声言东江水是中央政府控制香港的政治手段。

回顾东江水供香港的历史，不难发现上述种种奇谈怪论根本站不住脚。当年中央政府决定兴建东江—深圳供水工程绝非是做生意。20世纪60年代兴建第一期工程时，正是国家经济困难时期。中央政府从援外经费中拨出专款3584万元，这在当时是个天文数字。而收取的水费标准仅为每吨水人民币1角钱，1角钱当时在内地只能买到10块普通的水果糖。收水费的原因仅仅为了逐步收回工程成本。周恩来总理还指示要把供水谈判与政治谈判分开处理。这分明是急香港同胞所急、雪中送炭的善意行动。

内地部分群众特别是一些年轻人，对东江水供香港也持片面看法，存在“恩主”思想。部分内地网民看到香港某些年轻人在处理两地关系时的一些过激做法，动辄就情绪化地主张“断水断电”。他们对香港历史缺乏全面的了解，不了解东江水供香港既体现了国家关心香港同胞的善意，也是国家对香港“长期打算、充分利用”战略方针的组成部分，是把国家的发展和香港的发展当作一个共同体。情绪化地看待东江水供香港，不利于“一国两制”的顺利实施。

多读些香港历史，全面了解香港与内地密不可分、互利双赢的关系，是“一国两制”顺利实施的重要条件之一。正是出于这种想法，我们收集资料，系统叙述东江水供香港的历史，并尝试回答对有关问题的一些质疑，希望对读者有所裨益。

目 录

第一章 东江流域概况

东江属于我国南方最大的河流——珠江流域。珠江流域由西江、北江、东江组成，其在珠江三角洲地区汇合，形成“三江交汇，八口入海”的浩荡气势。东江，顾名思义，是处于珠江流域东边的大河。

广东省是中国南方的发达省份，工业化和城镇化发展迅速。近三十年来，广东省水资源需求量随着工业化和城镇化的发展而急速增长，广州、深圳、东莞、惠州等重要的沿海开放城市都位于东江流域。东江流域人口稠密，人均水资源紧张，水环境脆弱，水生态隐忧，加上以东江为取水水源的东深供水工程直接供水香港，因此更是备受关注。

本章简要叙述东江流域的建置区划、水文气象等自然地理状况，以及中华人民共和国成立以来的水资源开发、社会经济发展情况和水环境现状。

第一节　建置区划与自然地理概况

东江流域地理位置为东经113° 30′～115° 45′，北纬22° 45′～

25° 20′，流域范围跨越我国的江西和广东两省。东江流域面积35 342平方千米，其中约90%的面积位于广东省境内，约为31840平方千米，江西省境内所占的面积仅占10%，约3502平方千米。

东江位于珠江三角洲的东北端，南临南海并毗邻香港，西南方紧靠华南最大经济中心广州市的黄埔区，西北方与广东北部山区韶关市和清远市接壤，向北远至江西的赣南地区，朝东则与广东东部梅汕地区为邻。

东江流域人文历史悠久，是岭南开发比较早的文明之地。

秦始皇平定岭南后，东江流域属南海郡管辖。南海郡下辖龙川、博罗、四会、番禺四县，其中龙川、博罗两县都属东江流域。在秦朝，龙川、博罗两县辖地宽广，尤其是龙川县，辖地包含了当今广东省粤东地区和粤北部分地区以及江西省赣南部分地区。到西汉初，赣南地区才设置南埜、赣县、雩都三县，粤东地区设揭阳县。早在秦汉时期，东江流域的社会经济发展已达到一定的水平。

斗转星移，世事沧桑。随着历史的变迁，东江流域建置区划也在逐步发展变化，流域内政治、经济、文化等各个领域万象更新，钟灵毓秀，文明程度不断提高。

一、建置区划

东江流经江西省的赣州和广东省的河源、惠州、东莞、深圳、韶关、梅州等地。

（一）赣州市概况

赣州市位于东江流域的上游、江西省南部，全市总面积约39 400平方千米，属于东江流域的面积为3502平方千米，涉及寻乌、安远、定南、会昌、龙南五县。赣州市下辖章贡、南康、赣县3个市辖区、14个县和1个县级市。

赣州有着2200多年的建城历史。早在公元前221年，秦统一六国后将天下分为36郡，赣南属于九江郡。赣州是国家历史文化名城、原中央苏区所在地、万里长征的起点城市，也是当前国家扶持发展的重点区域。

东江发源于赣州市寻乌县桠髻钵山，清澈透明的股股清泉汇聚成河，沿着寻乌水、定南水，一路向南蜿蜒而来，流入广东省河源市境内。

江西定南水

（二）河源市概况

河源市位于广东省东北部，地处东江中上游、韩江上游和北江上游，是东江流域客家人的聚居中心。

河源市土地面积约1.58万平方千米，占广东省总陆地面积的8.70%，在东江流域内的面积为13 646平方千米，占全市总面积的86.37%。河源市是国务院于1988年1月7日批准设立的地级市，管辖源城区及东源、龙川、紫金、连平、和平五县。2010年末，全市户籍总人口358.4万人。

河源市水资源丰富，全市人均水资源拥有量为4500立方米，约为全国和广东省人均水资源拥有量的两倍。华南地区最大水库——新丰江水库在其境内，蓄水量达139亿立方米，可见水资源充沛。

河源市水环境质量很好，东江干流河源段水质绝大多数达到国家地表水质Ⅱ类水质标准，新丰江、枫树坝水库的水质则一直保持在Ⅰ类水质标准，具有“人无我有，人有我优”的水资源优势。

东江干流从枫树坝沿河而下，经龙川、东源、源城、紫金等县（区）进入惠州市境内。

广东河源新丰江水库美景

（三）惠州市概况

惠州市地处东江中下游，位于广东省东南部珠江三角洲东北端，是广东省历史名城，古称循州、祯州，有1400多年的建置历史，自古以来就是东江流域政治、经济、文化、交通中心。惠州市管辖惠城区、惠阳区及惠东、博罗、龙门等县。

惠州市土地面积约11 599平方千米，占广东省总陆地面积的6.21%。其中东江流域面积为7061平方千米，占全市总面积的60.88%。东江干流和西枝江纵横其中，内河航运条件良好。2015年末，全市常住人口475.6万人。

惠州市环境质量稳定优良，城市空气优良天数比例达97.5%，城市饮用水源水质100%达标，东江干流（惠州段）水质优，惠州西湖及14座主要水库达到水环境功能区水质标准。

东江干流在惠州流经惠阳、惠城、博罗等县（区），于博罗县进入东莞市境内。

惠州西湖

（四）东莞市概况

东莞市位于广东省中南部、东江下游的珠江三角洲。全市土地面积约2460平方千米，占全省总陆地面积的1.38%。其中东江流域面积约854平方千米，占全市总面积的34.55%。

东莞市下辖4个街道、28个镇，管理248个社区和350个村。2016年，全市常住人口826.14万人，人口城镇化率89.14%。

东江干流自博罗而下，由东往西穿越东莞市北部，至石龙后分为北干流、南支流两支，再分成河网注入狮子洋。

东莞万江全景

（五）深圳市概况

深圳市位于广东省南部、珠江口东岸，隔深圳河与香港毗邻。

深圳市隶属广东省，是国家副省级计划单列市。1979年，中央和广东省决定成立深圳市，1980年8月，全国人大常委会批准在深圳市设置经济特区。深圳市下辖8个行政区和2个新区，分别是福田区、罗湖区、南山区、盐田区、宝安区、龙岗区、坪山区、龙华区、光明新区和大鹏新区。

深圳市总面积约1997.27平方千米。市内的龙岗河、观澜河及坪山河属于东江流域下游，流域面积约650平方千米，占全市面积的32.6%。截至2015年末，深圳市常住人口1190.84万人。

作为改革开放窗口和新兴移民城市，加之独特的地缘和人文环境，造就了深圳文化的开放性、包容性和创新性，是十分适宜海内外英才创业拓展的活力之都。

深圳市景

（六）韶关市概况

韶关市地处广东省北部、南岭山脉之南缘。东江流域一级支流新丰江发源于该市新丰县境内。韶关市包括市中心的大部分地区，均位于北江流域，只有小部分地区位于东江流域

新丰江源头，位于韶关市新丰县境内的云髻山

的中上游。全市总面积约1.85万平方千米，其中仅新丰县的1232平方千米土地在东江一级支流新丰江流域范围内，占全市面积的6.70%，占新丰县面积的62%。

（七）梅州市概况

梅州市位于东江流域的上游，广东省的东北部。该市东与福建省龙岩市毗邻，西靠河源市，南邻揭阳、潮州两市，北接江西省赣州市。

梅州市总面积为15 875平方千米，大部分位于韩江中上游，仅有梅州市所辖兴宁市的272平方千米位于东江流域，占梅州市面积的1.71%，占兴宁市面积的13.08%。

梅州景色

二、自然地理概况

（一）地形地貌

东江流域地势东北部高，西南部低。流域内地形主要是海拔50～500米之间的丘陵，占全流域面积的78%，海拔500米以上的山地占全流域面积的8%，海拔50米以下的平原地区占14%。

东江流域内共发育五列大致平行的东北—西南向山脉，它们分别为：沿连平、新丰和从化市西北部边界伸延的青云山；自和平县西北部向西南的连平、新丰东部，沿龙门、增城西部边界伸延的九连山；自兴宁县北部的罗浮镇向西南伸延，经龙川、河源至博罗的罗浮山；自龙川南部和河源东南部经紫金延伸至惠东北部的七目嶂—乌禽嶂山地；沿惠东与海丰县边界伸延的莲花山。

这五列山脉构成了东江流域地貌的骨架，五列山脉的主峰海拔高度均超过1000米，其中最高峰为青云山的黄石牛顶（1430米）。

位于五列山脉之间的是四列主要的河谷盆地，自西北向东南依次为：连平水与新丰江上游谷地，位于青云山和九连山之间；新丰江水库库区谷地、灯塔盆地和增江谷地，位于九连山与罗浮山之间；东江干流谷地，位于罗浮山与七目嶂—乌禽嶂山地之间；西枝江谷地，位于七目嶂—乌禽嶂山地与莲花山之间。

由此可见，东江流域总体地貌特征呈现出“五山夹四盆”的格局。其中，最北端为东江源头区，其地貌可概称为“八山半水一分田，半分道路与庄园”。

（二）河流水系

东江流域发源于江西省寻乌县桠髻钵山，上游称寻乌水，向南流入广东境内，至龙川合河坝汇安远水（又名定南水）后称东江。东江流经龙川、东源、源城、紫金、惠阳、惠城、博罗至东莞市的石龙。石龙以下习惯称东江三角洲，分为南、北两支，南支为东莞水道，北支为东江北干流，再分成河网注入狮子洋，最后经虎门出海。

东江干流由东北流向西南，河道长度至石龙为520千米，至狮子洋为562千米。石龙以上河道平均坡降为0.39‰。东江河道自桠髻钵至龙川合河坝全长138千米，河道平均坡降2.21‰，河段处于山丘地带，河床陡峻，水浅河窄；龙川以下两岸地势逐渐开阔，在观音阁附近右岸出现平原；观音阁至东莞石龙，河道进入平原区，全长150千米，平均坡降0.173‰。观音阁后由于河宽逐渐增大，流速减慢，河中沙丘多，流动性大，每次洪水过后，河床变化较大。

东江支流众多，其中流域面积50平方千米及以上的河流共计162条。直接汇入东江干流的一级支流共计48条，其中流域面积大于2000平方千米的一级支流有安远水、新丰江和西枝江3条，其流域面积分别为2364平方千米、5813平方千米和4120平方千米。主要支流自上而下有安远水、浰江、新丰江、西枝江、淡水河和石马河等，其中新丰江为东江最大的支流，西枝江为第二大支流，安远水排第三。

1. 安远水

安远水发源于江西省安远大岩岽，流至龙川合河坝汇入东江，流域面积2364平方千米，河长140千米，河床平均坡降1.98‰，自然落差91米，其中在广东省境内集水面积751平方千米，河长仅46千米。由于上游山高植被好，洪患灾害少，水力资源丰富。

2. 浰江

浰江是东江上游右岸的一级支流，发源于河源市和平县杨梅嶂，流经和平县的利源、合水、东水等镇，并于东水街汇入东江，流域面积1677平方千米。主河道长100千米，多年平均流量42立方米/秒，天然落差220米，平均坡降2.2‰。流域内水力资源丰富，理论蕴藏量3.37万千瓦。流域内已建有中型水库3座，总控制集水面积约353.7平方千米，库容4226万立方米。

3. 新丰江

新丰江是东江的第一大支流，发源于韶关市新丰县的玉田点兵。流域跨韶关、河源两市，流经韶关市的新丰县和河源市的连平、东源、源城等县（区），流域面积5813平方千米。

流域内面积大于100平方千米的二级支流有船塘河、连平水、大席水等11条。流域上游多属丘陵山区，植被覆盖良好。主流全长163千米，河床坡降1.29‰，落差大，流域内水力资源丰富，理论蕴藏量为37.57万千瓦，可开发装机31.72万千瓦，年发电量10.02亿千瓦时。

流域内已建成的大型水库——新丰江水库，总控制集水面积5734平方千米，总库容138.96亿立方米，是东江流域的水资源调配的控制性工程。

4．西枝江

西枝江是东江的第二大一级支流，发源于河源市紫金县竹坳，流经惠东、惠阳、惠城区，在惠州市区东新桥汇入东江。流域面积4120平方千米，河长176千米，平均坡降0.6‰。流域内支流众多，交错汇入主流，大于100平方千米以上的支流有宝溪水、黄竹水、淡水河等10条。

西枝江全流域水能理论蕴藏量为30.1万千瓦，其中可开发利用装机6.94万千瓦，年发电量为2.35亿千瓦时。流域内已建成的大型水库——白盆珠水库，总控制集水面积856平方千米，库容11.64亿立方米，是西枝江流域的水资源调配中心。

西枝江整体水质较好，但是由于受到支流淡水河的污染，在淡水河汇入口局部河段水质略差。

5．淡水河

淡水河是东江二级支流，是西枝江最大支流，发源于深圳市宝安区梧桐山，流经惠阳区的淡水、永湖、良井及惠城区马安、三栋镇，流域面积1308平方千米，河长95千米，河床坡降0.57‰。

淡水河自西向东流，支流坪山水在右岸的下土湖处汇入，支流横岭水在左岸的佛岭处汇入，构成秋长、淡水盆地。河流至永湖镇鼓山径转向北流，进入西枝江下游洪泛区，在惠城区三栋镇紫溪注入西枝江。

前些年，受上游深圳境内工业废水排放及惠阳区部分生活污水排放的影响，淡水河无论丰水期或枯水期，水质均较差。近年来，各级政府逐渐重视淡水河的污染情况，加大了治理污染的力度，淡水河水质恶化的趋势有所缓解，水质正逐渐改善。

6．石马河

石马河发源于深圳市宝安区大脑壳山，河流流向由南向北，经龙华、观澜及东莞的塘厦、樟木头，在陈屋边汇潼湖水，于桥头的新开河注入东江。全流域集水面积1249平方千米，主河长88千米，平均坡降0.51‰。

石马河原是东深供水工程的输水河道。1964年为解决香港用水，中央政府和广东省人民政府开始兴建东江—深圳供水工程，沿石马河主干流和支流雁田水建筑6个梯级和8个抽水站，使该河流向改为由北向南，河水逐级倒流，送入深圳水库。

随着沿河各镇的经济发展，未经有效处理的生活污水被排入石马河，使其水质下降。为了保障香港的供水水质，避免污水沿途排入，随后的东深供水工程不再以石马河作为输水河道，而改用专用输水管道输水，该输水管道工程于2003年6月28日全线完成通水。失去了输水功能的石马河，恢复了河流原来由南向北的流向。

尽管不再作为输水河道，但受到污染的石马河，其水质状况仍然得到国家各级政府的高度重视。2005年建成的石马河桥头调污工程，2009年的橡胶坝扩建改造，都在一定程度上改善了石马河的水质状况。

东莞、深圳市政府正开展对石马河的综合整治行动，对防洪、岸线、排涝和水环境进行全面治理。治理工程包括拆除橡胶坝，在河口新建节制闸，扩建调污箱涵，加大引水流量，将石马河及潼湖流域受污染的水引入东引运河，并在虎门至珠江口排出，以确保枯水期内东深供水工程和东江干流水质不受石马河污水的影响。

第二节　水资源状况

东江是珠江水系三大河流之一，流域水资源较为丰富，每平方千米产水量99.8万立方米。根据1951—2000年系列径流量分析，东江流域地表水资源量为324亿立方米，其中广东省境内为291亿立方米，占89.8%，江西省境内为33.0亿立方米，仅占10.2%。

东江流域地处低纬度地区，北回归线横贯其中，又因南部临海，流域内雨量充沛，阳光充足，植被四季常绿，属北半球南亚热带季风气候区。

东江流域多年平均降雨量为1500～2200毫米之间，降雨以南北冷暖气团交绥的锋面雨为主，多发生在4—6月份；其次是热带气旋雨，多发生在7—9月份。东江流域降雨量时空分布不均，降雨分布一般是中下游比上游多，西南多，东北少，由南向北递减。降雨量年际、年内变化较大，最大年和最小年降雨量比值为2.45～3.59。丰水期4—9月降水量约占全年的80%。

降雨量的时空分布不均，使得河川径流量上游和下游、年与年、年内月与月之间变化很大，导致水旱灾害时有发生。以博罗站为例，多年最小月平均流量仅为多年平均流量的21%，多年枯水期10—3月平均流量只是多年平均流量的43%；最大年径流为1983年的416亿立方米，最小年径流量为1963年的61.4亿立方米，最大值与最小值之比超过6.7。

东江流域在惠阳以下为东江中下游平原，洪、涝、渍、旱灾害均较严重，保障居民生活、工业生产、农业生产供水的任务艰巨，而且在流域内和流域外灌溉、供水、发电、航运等水资源开发利用需求一直持续增长的情况下，经济和社会的发展也使局部的水环境质量有所下降，生态环境受到威胁。

一、东江流域水资源的开发利用

东江流域水资源开发条件好，但治理任务重。中华人民共和国成立后，百废待兴，社会经济、人民生活迫切地需要得到提高和改善。从20世纪50年代到21世纪初，在不同的时期，根据流域内外社会经济发展的需要，在东江流域兴建了一大批大中型蓄水、引水、提水灌溉工程和水电梯级工程，极大地降低了流域内洪、涝、渍、旱灾害发生的频次，同时有效地改善了农业生产灌溉水的利用条件，满足了工业生产用水用电、城乡居民生活饮水以及航运、压咸等多项需求，为东江流域内各市县和香港特别行政区的社会经济快速发展作出了重要的贡献。

（一）20世纪50年代至80年代

1. 水利工程建设

20世纪50年代，国家在东江流域开展了第一次大规模的查勘与规划。①

1951年下半年，珠江水利工程总局成立查勘队，重点查勘马鞍围、石龙石滩大围（后改称增博大围）地区，并初步探查河源阿婆山建库（后为新丰江水电站坝址）方案河段。

1955年8—9月，电力工业部上海水力发电勘测设计局会同广东省水利厅、广东省工业厅等进行踏勘后，完成《广东新丰江踏勘报告》，同时珠江水利工程总局对珠江三角洲防洪、排涝、河道疏浚等工程进行了查勘。

1956年7月，水利部以广东省水利勘测设计院为基础组建了水利部广州勘测设计院，负责珠江流域（即西江、北江、东江三大流域）的勘测设计工作。年底，水利部副部长钱正英率领苏联专家组及水利部、交通部等一批专家到珠江干流西江及主要支流查勘，提出了进行珠江流域规划的意见。

1957年初，国务院决定开展珠江流域规划工作。2月在珠江水利委员会下设立珠江流域规划办公室（以下简称“珠规办”），由水利部广州勘测设计院院长刘兆伦兼主任，设计院负责具体工作。

1957年7月，国务院批准了《珠江流域规划任务书》，明确规划方针为“综合利用，对灌溉、防洪、发电、航运等综合考虑，上中下游统筹兼顾，以达到合理、最大限度开发水利资源的目的”。

东江流域规划范围包括浰江、新丰江、秋香江、西枝江等支流及增江等河流的梯级布置。

1959年5月，珠江流域规划完成（以下简称“59规划”）。东江主要

① 水利部珠江水利委员会，《珠江志》编纂委员会. 珠江志：第3卷［M］. 广州：广东科技出版社，1993：7-14.

干支流共选定了枫树坝、黄田、沙岭、新丰江、西枝江、水口山、阿公角、增江和天堂山共9个水库构成总体开发方案，满足流域防洪、发电、灌溉、供水、航运的需求。

根据“59规划”，20世纪50年代末兴建了以防洪、发电为主的第一座大型水利枢纽——新丰江水库，总库容达139亿立方米。20世纪60年代中期，为解决香港同胞的生活用水问题，1965年2月建成了八级提水与两库（雁田水库和深圳水库）结合的东江—深圳供水灌溉工程。20世纪70年代又兴建了以航运、发电为主，总库容为19亿立方米的枫树坝水库电站。20世纪80年代初期，又建成了以防洪、灌溉为主，总库容为12亿立方米的白盆珠水库。新丰江、枫树坝、白盆珠三大水库加起来，总库容高达170亿立方米。由此，东江石龙站以上的集雨范围内约43%的来水量得到有效控制和调节。

石龙站和增江麒麟咀站以下水域为东江三角洲。20世纪50年代开始联围筑闸，蓄水攻沙，提高了江海堤围的防洪和抗台风暴潮能力。20世纪60年代由于机电排灌，降低了地下水位及整治了围内田间排灌系统。20世纪70年代以后重点被转移到河口海涂围垦以及结合河道整治建设黄埔港口。①

此外，东江流域内还兴建了一大批用于灌溉农田、改善农业生产条件的大中型水库52座，小一型以下水库7239座，引水提水利工程18978处，提水灌溉装机9.27万千瓦，有效改善农田灌溉面积约500万亩（1亩≈667平方米），占流域内耕地的80%。

通过有效利用大、中、小型各种水利工程设施，到1980年，东江流域的水资源开发利用率约为15%。

2. 水利工程给东江流域带来显著效益

东江流域石龙以上的新丰江、枫树坝、白盆珠三个大型水库可以有效地调节控制下游河流的枯水期径流，改善下游的水资源开发利用条件，促

① 广东省水利电力厅. 东江流域规划环境影响评价报告［R］. 1987（2）：143.

进东江流域工业、农业的发展，提高抵御洪、涝、旱、渍等自然灾害的能力。同时，由于下游河段枯水期流量的增加，为下游城市供水工程提供了水源，沿河分布的城市乡镇取水、供水的水量和水质都有了很大的保障。

首先，水利工程极大地改善了下游的水资源开发利用条件，提高了抵御洪、涝、旱、渍等自然灾害的能力。

由于东江流域降雨量年内月与月之间、年与年之间分配不均匀，在上游未建水库和下游沿岸堤围未加固建设之前，经常发生洪、旱灾害。如1959年发生近百年一遇的洪水，当时流域未建有控制性水库，致使灾害严重，受灾耕地面积150.8万亩，损失粮食约4250万千克，受灾人口约22.1万人。东江中下游两岸堤围，除马安、潼湖两大堤围外，基本全部溃决或漫顶。据调查，博罗县在该次洪灾中，损失农田44.9万亩，仅稻谷一项就损失95.2万担，每百斤按20元计算，共损失1904万元。

数年之后，1966年东江流域再次遭遇相同级别的洪水，却由于新丰江水库容量巨大，洪水被有效拦截，下游博罗站的洪峰流量被削减了4090立方米/秒，沿江两岸堤围基本安全，受灾耕地面积减少到80万亩，灾情大为减轻。

其次，水利工程还给东江下游及出海口区域带来稳定优质的淡水，减少了海水倒灌带来的咸水危害。

历史上的东江下游出口及沿海地区水田耕地经常受咸潮威胁。枯季缺乏淡水，四周被咸水包围，人民的生活受到严重威胁。旱季由于东江枯水径流小，水位低，潮汐上移，潮水一般到达石龙附近。

一般年份，咸水线多在东莞篁村石鼓一带至广州市郊的瓦窑。东江上游新丰江、枫树坝等大中型水库建成后，有效调节了径流，使东江下游枯水期流量增加，咸水线由东莞篁村石鼓一带被压退到东莞厚街以下，咸水季节缩短，咸度降低。20世纪70年代末，受益面积为11.36万亩。

再次，东江流域水利工程的兴建，为下游城市供水工程提供了水源，沿河分布的城市乡镇取水、供水的水量、水质乃至用电等都有了更大的保障。

新丰江、枫树坝水库投入运行后，通过调蓄发电，调节了下游河道年际和年内的径流量，在两大水库兴建前，博罗站最低流量出现在1955年5月4日为31.4立方米/秒。但建库以后，下游各河段的枯水期流量都比建库之前的天然情况有了明显的增加。

根据1975—1985年的实测流量资料分析，在10年一遇的枯水年，下游河道枯水期流量可以增加3倍，博罗站枯水期流量可以增加近5倍，达到155立方米/秒。由于枯水期流量显著增加，改善和保证了河流沿线的城镇，以及流域外香港的供水水量和水质。

1980年前后，东江流域城市供水人口约538万人，包括流域内龙川、河源、惠州、博罗、石龙、东莞、太平共7个城镇40万人和流域外广州市黄埔区40万人、深圳市8万人和香港约450万人。尤其是香港地区的供水需求量大增，其供水量占东江流域供水量的80%以上。

东深供水工程于1974年和1981年先后进行了一期扩建和二期扩建，年供水香港从最初的6820万立方米，增加到1976年的1.68亿立方米、1987年的6.2亿立方米，设计取水流量由最初的9立方米/秒扩大到39.8立方米/秒。

深圳市用水量20世纪60年代只有230多万立方米，1980年成立经济特区之后，用水量显著增加，到1985年增至5210多万立方米，比20世纪60年代至70年代增长了20多倍。1987年，东深供水工程二期扩建完成后，深圳供水量增加到9000万立方米。

广州新塘水厂直接汲引东江水，引用流量约2～3立方米/秒，年供水量约5800万立方米。

东莞的东引工程直接引用东江水，自建塘水闸朝西南方向贯通东莞全市，全长102千米，区间设置多处节制闸，共引用流量约30～37立方米/秒，供应沿线乡镇和东莞市区的生活及工矿企业用水。东引工程为东莞战胜旱、涝、洪、咸、潮灾害起到了非常大的作用，改善了东莞市的城乡经济，特别是解决了长安、沙田等地的淡水来源问题，淡化了耕地土壤。根据东莞市农业局在长安地区咸田土壤的采样测试结果，1964年咸田含氯度为1.64‰，而1982年下降为0.79‰。

东江干流沿线的龙川、惠州、博罗、石龙等市镇生活用水和工矿市政用水均直接汲引东江水。1980年，东江干流沿线城镇供水量约为6900万立方米。

1980年，东江流域内发电装机共达58.4万千瓦，年发电量21.3亿千瓦时，有效地提供了珠江三角洲商品粮基地的电力排灌和广东省工农业生产发展所需的电能。工农业的发展，为社会创造了良好的就业机会，城乡居民的生活水平有了很大的改善。

随着水利工程的兴建，东江流域内的洪水威胁减少，供水情况改善，供电量增加，极大地促进了东江中下游工业的发展。东江流域1963年工业总产值2.52亿元，1980年增加到9.47亿元，比1963年增加了近3倍；1985年更达25.45亿元，比1963年增加了9倍。①

（二）20世纪80年代后期至今

1. 水利工程建设

20世纪90年代前后，东江中下游城镇供水需求增长迅速，除了香港用水量一直稳定持续增长外，惠州、东莞、深圳用水量也大增，深圳市用水紧张，供水工程的建设跟不上用水量的增长需求。

另外，东江流域枯水期流量随着供水量的增长，也不能完全满足水量的需求。按20世纪80年代的水平，博罗站枯水期流量要满足下游压咸、供水、航运等用水要求，至少需要保持日平均流量260立方米/秒以上。而经过新丰江、枫树坝水库调节后，博罗站枯水期流量只增加到151.6立方米/秒（在十年一遇的枯水情况下，即保证率为90%的情况下），两者相差108.4立方米/秒。②

1980年10月，珠江水利委员会组织各相关省区开展了第二次珠江流域

① 广东省水利电力厅.东江流域规划环境影响评价报告［R］. 1987（2）：151-172.

② 同①149-150.

规划，确定了规划主要任务是防洪（潮）及排涝、农田灌溉及供水、开发水电、发展航运、总体规划和水资源供需平衡。

1985年12月，《珠江流域综合利用规划报告》（以下简称“85规划”）编制完成。

1992年，东江中下游堤库结合防洪工程体系建立。由新丰江、枫树坝、白盆珠三个已建大型水库与中下游堤防构成堤库结合防洪工程体系，三库共控制流域面积11 741平方千米，占东江流域面积的43.5%，调洪库容40亿立方米，可控制东江百年一遇的大洪水。

至2012年，流域内先后建成包括新丰江、枫树坝、白盆珠在内的大型蓄水工程五宗，总库容为174.23亿立方米，控制流域面积12 496平方千米。

据1979年流域水力资源普查，东江水力资源理论蕴藏量为136.21万千瓦，可开发水力资源装机122.28万千瓦。截至2012年，东江干流共开发了枫树坝、龙潭、稔坑、黄田、风光、东江水利枢纽等13个水电站梯级，支流已建有新丰江、白盆珠等水电站，干支流已开发电站装机容量约98.6万千瓦，占东江可开发水力资源的80%以上。

1997年，新丰江、枫树坝大型水库的调节功能逐步转变，分别为下游增加下泄流量150立方米/秒和75立方米/秒的径流，以满足下游的供水要求。

至2012年，东江流域已建有大型跨流域引水工程三座，即东深供水工程、深圳东部供水水源工程和大亚湾供水工程。

东深供水工程是东江流域乃至广东省当前最大的一项供水工程，是为满足香港、深圳和工程沿线各乡镇用水需求而建设的跨流域供水工程。工程总供水量为23.73亿立方米，其中香港用水量为11.0亿立方米，深圳市用水量为8.73亿立方米，沿线东莞市属乡镇用水量为4.0亿立方米，取水点为东江太园泵站，设计引水流量100立方米/秒。

深圳东部供水水源工程，是为了解决深圳市东部地区城镇的急需用水问题，由深圳市负责组织兴建的。工程分别从惠阳境内的东江和西枝江设抽水站取水，设计最大抽水规模为15.0立方米/秒，东江抽水站位于惠阳水口镇上游约6千米左岸的廉福地，西枝江抽水站位于惠阳马安镇上游约3千米左岸的老二山。

大亚湾供水工程是为解决惠州市大亚湾区水资源短缺问题而建设的跨流域调水工程，以从西枝江调水为主，从西枝江调水到风田水库，再由风田水库供水给大亚湾，一期工程已建成供水，调水规模为2.9立方米/秒（25万立方米/天），规划2020年前增加到4.8立方米/秒（41.5万立方米/天）。

2. 东江流域的供用水量现状

2012年，东江流域（石龙以上）供水量为46.83亿立方米。江西省、广东省供水量分别占东江流域总供水量的5.0%和95.0%。另外，东江还向流域外大亚湾及香港等地供水约50亿立方米。

东江流域（石龙以上）人均用水量为310立方米，低于全国平均值。从用水分布来看，绝大部分用水量集中在中下游，流域内河源、惠州、深圳的用水量占比达85%，人均用水量总体呈现上游多、下游少的特点。

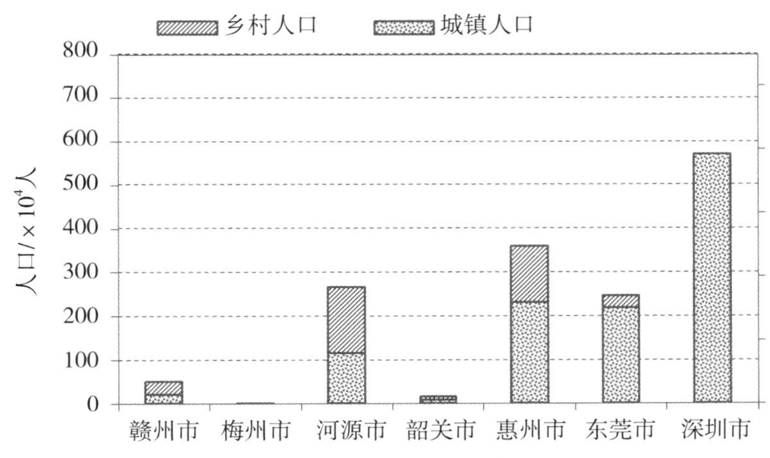

东江流域人口分布情况

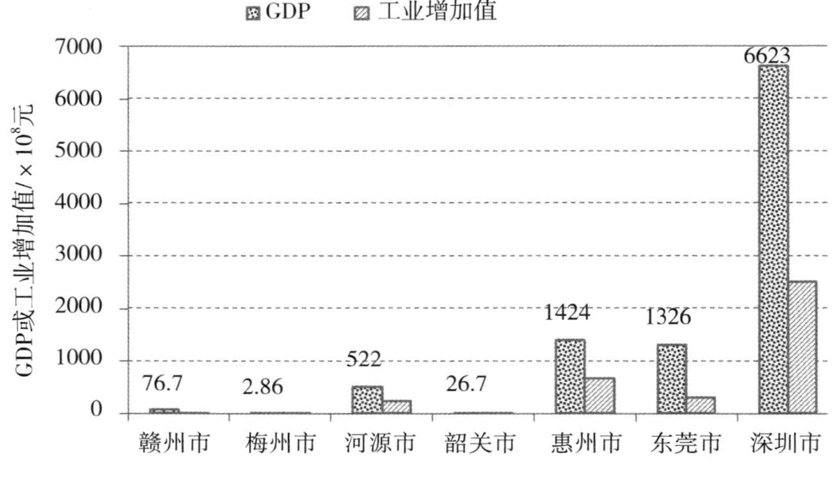

东江流域国民生产总值（GDP）及工业增加值分布

二、东江流域的水环境状况

（一）20世纪80年代前后

20世纪70年代，东江流域工业基础较薄弱，无大型工业基地，以中小型化工、轻工、建材、采矿等为主。随着1979年国家开始实行改革开放，到80年代初，乡镇企业已经初见规模。这些企业分布面广，生产条件差，技术力量薄弱，成了潜在的污染隐患。

1984年，分布于东江沿岸的工矿企业有110家，其中废水量较大的有29家。上游以采矿业为主，中下游以轻工、化工业为主，废水排放量达1.86亿立方米。1984年，东江沿岸5000人以上的城镇有16个，人口约45万人，生活污水排放量为0.16亿立方米。

东江干流主要监测断面有河源城下、惠州城下、博罗城下和石龙城下四个控制断面，1980—1984年的监测结果显示：河源、惠州、博罗水质良好，基本上属于Ⅰ类水；下游石龙断面水质比上游稍逊，总体尚好，波动于Ⅱ类、Ⅲ类水之间。同时长期的监测结果还表明，新丰江、枫树坝、白盆珠三大水库调节后，枯水期径流量增加，下游的水质大为改善，与水库建成前相比水质普遍提高一级。

20世纪80年代，东江流域石龙以下东江三角洲部分河段的水质情况并不乐观。东莞市莞城和石龙两城镇的工业废水和生活污水威胁着东江北干流和南支流的水质，1984年，东莞市工业废水排放量达1265万吨，排入北干流296万吨，排入南支流365万吨，排入东引运河604万吨。北干流河段污染较轻，水质为Ⅲ类，南支流河段污染较重，水质为Ⅳ类，东引运河局部河段水质已达到Ⅴ类。①

东江水资源保护是一项政策性强、牵涉面广、复杂而繁重的工作。由于20世纪80年代前后东江流域经济尚不发达，地方财政薄弱，且污染治理成本高，要使东江水质保护规划得以落实，解决资金来源问题成为关键。1979年，国家出台了第一部环保法规——《中华人民共和国环境保护法》，提出“谁污染，谁治理；谁开发，谁保护”的原则。1981年，广东省人民政府颁布《东江水系保护暂行条例》并贯彻执行，条例规定污染企业必须调拨资金治理污水，开发利用东江水资源的地区与单位（如东深供水工程、东莞运河引水工程、沿江分布的自来水厂等）必须实行有偿用水机制，将此资金作为环保补助资金，用于东江的水质监督管理、科研调查和污染治理。

“85规划”是第一项针对全流域开展的系统性规划。东江流域进行开发、治理的同时，也要对水资源采取保护措施。该规划提出污染源集中地要修建污水处理厂，综合治理工业废水和生活污水的方案。规划还提出1990年应先在惠州建成日处理污水10万吨的处理厂，1990—2000年期间逐步在石龙建成日处理污水2.5万吨的处理厂，在河源、龙川、博罗各县建成日处理污水1.5万吨的处理厂，并投入使用，以保证东江干流中下游的水质不再变差。

① 广东省水利电力厅．东江流域规划环境影响评价报告［R］．1987（2）：98-123.

（二）20世纪90年代[①]

20世纪80年代前后，东江水质普遍良好，但水污染已见端倪。随着改革开放的深入，香港大量轻纺、造纸等高耗水企业迁往深圳、东莞、惠州等地，香港独资企业、香港与内地合资企业像雨后春笋般遍布珠江三角洲地区，乡镇工业蓬勃发展，中小企业大量涌现。1998年，深圳、东莞、惠州等地的工业排污企业已达2000多家，工业废水年排放量高达8.7亿立方米，生活污水排放量为1.1亿立方米。

东江流域的工业污染，主要靠污染企业自筹资金来治理，但由于技术与管理等方面的原因，许多污水处理设施未能发挥其应有的作用。而生活污水大部分也未经处理直接排入水体，导致东江下游局部河段及支流水体受到污染。

据1998年的水质监测结果显示，东江流域干流水质总体来说保持良好，干流河源段江口以上水质为Ⅰ类，惠州段江口—东岸水质基本为Ⅱ类，东莞石龙段水质基本为Ⅲ类，主要水库新丰江水库水质为Ⅰ类。但支流局部河段存在污染，西枝江、淡水河、石马河、深圳河、沙湾河等局部水体，水质为Ⅳ类，甚至Ⅴ类、超Ⅴ类。西枝江受坪山镇生活污水和淡水河污水影响而呈Ⅴ类水，超标污染物为氨氮；二级支流淡水河污染严重，其上游水质为超Ⅴ类，超标项目有溶解氧、化学需氧量（锰法）、五日生化需氧量、汞、氨氮、非离子氨六项。

为了改善水环境、保护水资源，国家和地方都花了大力气，开展了相应的工作。

1996年8月3日，国家颁布了《国务院关于环境保护若干问题的决定》；1996年12月，广东省政府下发《关于切实加强环境保护工作的决定》，要求认真解决区域环境问题，坚决控制新污染，加快治理老污染，切实增加环境保护投入，严格环保执法等。东江流域各市县（区）政府认

① 广东省水利厅. 东江干流水质达标规划报告［R］. 1999：68-80.

真贯彻执行，加大了对工业污染源的治理力度。

由于东江水源保护任务重，1991年2月18日，广东省第七届人民代表大会公布《广东省东江水系水质保护条例》，8月1日广东省人民政府颁布《东深供水工程饮用水源水质保护规定》。

1993年3月2日颁布的《广东省东江水质保护经费使用管理办法》规定，自本年起，每年从东深供水工程水费利润总额中提取3%用于东江上中游水质保护，1993—1998年共提取水质保护经费11 451.3万元；每年从深圳、东莞的东深供水工程水费利润分成中各提取50%用于东深供水工程水质保护，1993—1998年共提取13 203.9万元。两项水费提成用于水质保护的总经费达24 654.2万元，其中直接用于污染治理18 389.7万元，6年来共安排了53个污染治理项目，1998年已有24个竣工投入运行，每年治理污水477.6万吨，每年减少入河污水1351万吨，对治理东江水污染起到了极为重要的作用。

通过多年的努力，1998年位于流域中下游的惠州市工业废水处理率达到88.6%，废水处理达标排放率为64.3%；流域内水污染最严重的淡水河上游深圳龙岗区，1988年全区工业废水处理率达到100%，废水达标排放率达92.5%。

可见，东江流域的水污染治理及水环境保护的力度之大是有目共睹的。

（三）21世纪初至今

现在东江流域河流水质情况总体良好，但在局部河段仍存在局部水体污染，水质情况呈现出以下特点：

1. 干流及主要支流水质总体呈优良态势

东江干流14个省控断面水质均为Ⅱ～Ⅲ类，达到水质目标，干流各江段（河源段、惠州段、东莞段、北干流）水质优。东江主要支流浰江、新丰江、秋香江、公庄河、增江、沙河、西枝江水质优良。

2. 上游少数支流断面水质未能达到Ⅱ类水环境目标

3. 下游部分支流水质污染情况相对不乐观

东莞运河受中度污染；龙岗河、坪山河受重度污染，主要污染指标为氨氮、总磷、五日生化需氧量；北海仔、淡水河、石马河等污染较严重。

随着城镇化率的不断提高，生活污水的总量增加较快，工业废水占总废污水的比例降低。1984年东江流域工业废水占废污水总量90%以上，但1998年下降为30%以下。虽然东江流域的大部分市县（区）现在工业废水处理率大大提高，但生活污水的处理压力日益严峻。

另外，受自然和人为因素的影响，东江三角洲及河口区域也或多或少地存在水环境问题。由于这些地区平坦低洼，河网密度大，水体流动性差，咸潮上溯明显，往复流频繁，加上随着经济社会的发展和用水量的快速增加，东江三角洲地区的废污水排放量也快速增加，现有的污水处理能力、处理深度都需要提高和升级，因此加大污水处理力度，才能抵消日益增长的排污量，避免加重水体的污染。

东江流域经济社会发展迅速，不断出现的新情况和新污染源，给水污染治理带来许多新问题和新挑战，因此水污染治理是艰巨、复杂和长期的任务。

第三节　河源新丰江水库的建设

河源新丰江水库是华南地区最大的人工水库，它有个美丽的名字——万绿湖，是珠江流域第一个大型水利工程、第一座大型水电站，也是20世纪50年代末期我国自行设计、施工，自行制造、安装设备的综合性利用水资源的枢纽工程。

新丰江水库的建设凝聚了许多人的汗水和泪水：有聪明才智的一群专家和技术人员废寝忘食、攻坚克难；有勤劳勇敢的上万名施工工人战天斗地、日夜奋战；有淳朴善良的10万移民牺牲家园、历尽磨难。它的建设是一段挥洒豪情、可歌可泣的历史，它是一代英雄共同建设的水利丰碑。

新丰江水库工程于1958年7月破土动工，于翌年10月20日下闸蓄水，1960年8月16日第一台7.25万千瓦机组发电，1961年10月第二台机组投产，1965年土建工程基本建成。后两台机组分别于1966年5月和1976年12月投产，总投资为2.1926亿元（含抗震加固工程5722万元）。新丰江水电站一直是广东电力系统中的主力电厂。

由于水库蓄水期间诱发了地震，自1961年起大坝不断进行了加固，历时10年，至1977年2月，水库经安全性鉴定后维持正常运行。

一、新丰江水库的建设

（一）精心设计与施工艰巨

新丰江水电站由广东省水利电力勘测设计院承担勘测设计，新丰江工程局负责施工。

1955年8月，进行流域查勘。翌年11月，完成技术调查报告。1957年9月，选定亚婆山坝址，年底提出初步设计要点。1958年4月，完成初步设计，7月15日正式动工兴建。

当年的施工过程留下的记录不多，但是在当年“一穷二白”的大环境下，如此浩大的工程，在这样复杂的地质条件下，其艰巨性可想而知。

根据1994年水利部珠江水利委员会编纂的《珠江志（第4卷）》①记载，当年的施工导流按枯水期20年一遇大水设计，当时工程局认为枯水期大水一般发生在3月中旬以后，并据此降低防洪标准，减少了围堰工程量，提出力争1959年3月中旬以前将大坝浇筑至枯水期20年一遇大水水位之上，以替代围堰作用。不曾料到1959年2月发生大水，围堰被冲垮，有两名施工技术人员在抢救围堰时牺牲。他们的英雄事迹流传了下来，在当

① 水利部珠江水利委员会，《珠江志》编纂委员会. 珠江志：第4卷［M］. 广州：广东科技出版社，1993：109-110.

地传颂。

仅用了两年时间，新丰江水库实现了从开发到发电的全过程。据统计，工程建设施工高峰期最多有2.7万人参与大坝建设。在国内同期装机容量相仿的水电站中，新丰江水电站是建设周期最短、工程造价最低的。然而其背后是上十万移民所做出的贡献。其间发生过两次6级以上地震，挡水坝出现82米长的贯穿性水平裂缝，开展了为期10年的加固抗震工作。

新丰江水库建设艰苦卓绝，不难想象，千万大军日夜奋战在水库工地上，技术人员排除千难万险，最终攻坚克难，让“鼓足干劲，力争上游，多快好省地建设社会主义”的口号在工地上随风飘扬，是何等震撼人心。

（二）新丰江水库建设中的移民

新丰江水库集雨面积为5734平方千米，淹没面积为600平方千米，涉及河源、连平、新丰等县16个圩镇、389个村庄。1958年夏天，10.64万淹没区的居民响应号召，离开祖祖辈辈世代生存的土地，举家迁往移民安置地，为新丰江水库的建设做出了巨大牺牲。

2010年，《河源市省属水库移民志（1958—2008）》出版，用数据记录了那个时期移民的苦难和伟大，他们的巨大牺牲刻在了历史的丰碑上，被世人永远铭记。

（三）大坝抗震加固

在新丰江水库蓄水后的25年间，在河源、博罗两县境内发生过烈度为5～6度的有感地震4次，没有破坏性地震记录。1960年7月18日，发生烈度6度地震；1962年3月19日凌晨，发生6.1级强烈地震。

1960年地震发生后，周恩来总理亲自指示新丰江水库抗震工作，全国多个地震、地质、水电部门到新丰江水库进行有关水库地震及大坝抗震的研究。

1961—1970年，新丰江水库先后进行两期大坝加固工程和增建左岸泄水隧洞工程，将大坝抗震烈度标准提高到10度设防，同时采取措施提高结构抗震性能和抗滑稳定性及坝踵应力。

1975年，有关新丰江水库地震和抗震的两篇论文在联合国教科文组织的首届关于“国际诱发地震”研讨会上获得好评。

1977年2月，在新丰江水电厂召开的“新丰江大坝抗震鉴定会议”上，专家们认为大坝经过加固之后，纵向和横向刚度得到了提高，大坝抗震能力在低于烈度8度地震情况下，能够基本正常运行。广东省地震局根据多年来观测研究成果，在鉴定会议上提出新丰江地震趋向于缓和、地震基本烈度为7度的鉴定意见。

为了大坝安全，自1963年以来广东省水利水电科学研究所对大坝进行原型实测，通过观测资料综合分析，认为大坝和坝基工作状态正常，大坝处于安全稳定状态。

二、新丰江水库的功能

新丰江水库是具有很好调节性能的多年调节水库，总库容为139亿立方米。它是东江流域中上游的龙头水库，它的建成为东江下游的重要城镇惠州、东莞、深圳，尤其是香港的供水提供了重要的安全保障。

（一）20世纪80年代，新丰江水库是以防洪、发电、供水、灌溉、航运为主的综合性大型水库，功能排序以防洪、发电为主，供水、灌溉为辅

新丰江水电站是广东省内最大的水电站，是广东电力系统的主力电厂。从第一台机组投产至1985年底，共发电217.9亿千瓦时，发展电排305万亩，电灌447万亩，电动排灌的发展为珠江三角洲农业高产稳产提供了保证。

新丰江水库有调节库容33亿立方米，可将新丰江百年一遇的洪水全部拦蓄于水库，有效地保护了下游河源、惠阳等重要城镇免受洪水侵袭。

通过水库调节，东江下游枯水期流量从100立方米/秒增加到300立方米/秒，改善了下游航运和供水。

（二）20世纪90年代以后，新丰江水库是以供水、发电、防洪为主的大型调节水库，功能排序以供水为首

随着东江下游广州、东莞、深圳和香港的供水需求日益增长，新丰江水库将调度方式调整为以供水为主，使供水成为其首要的兴利任务，全力以赴为下游城市的社会经济发展提供优质水资源而保驾护航。今天，新丰江水库是东江水资源的调配中心，是广东省保护得最好的淡水资源之一。

岁月变迁，如今的新丰江水库不仅是国家级重要的水源地，也是华南地区最大的生态旅游名胜之一。她宛如一颗耀眼的翡翠镶嵌在东江流域的崇山峻岭间，越来越稳，越来越美。它坚定地屹立在广东省河源市新丰江

广东河源新丰江水库又名“万绿湖”，位于广东省北部山区，是东深工程最大的“水塔”，香港居民每喝三杯水中就有一杯源自新丰江水库

广东河源新丰江水库大坝

下游的亚婆山峡谷之上，拦蓄起新丰江上游清澈的泉水，经历过多次地震的考验，见证了近60年的风雨变幻。她为东江流域包括香港在内的经济快速发展、人民生活的改善做出了重大贡献。

结　语

几十年来，东江流域水资源的开发、社会经济的发展和生态环境的变化是巨大的。

随着东江流域大规模地开展水利工程建设，水资源开发利用率也不断地得到提高，给流域内的经济社会发展带来了翻天覆地的变化。人民生活安定，享受着东江水带来的便利和舒适。流域内的河源、惠州、东莞、深圳及香港特别行政区，国民生产总值与50年前相比，增长了几十倍至几百倍。东江流域内国土资源的开发利用强度也在不断提高，2012年流域城镇化率已达77%以上。

当然，东江流域水资源的开发利用带来的环境问题也不容忽视。改革开放以来，流域经济在不断地快速发展，与环境保护的矛盾也日益突出。2012年，东江流域水资源开发利用率接近33%的红线。流域水环境、生态环境已变得越来越敏感、脆弱。为此，我们需要不断地加强流域的科学管理，保护和修复受损的环境，治理污染的河流，杜绝污染的发生，如此才能保证水资源的永续利用。

与此同时，我们也不能忘记那些因东江流域水利工程建设而离乡背井的移民群体。他们离开家园，失去了世世代代赖以生存的农田房舍，远离故土，迁移到陌生的地方，他们中有的人从此陷入困顿，生活变得艰难。时间虽已过去几十年，但还有部分移民分布在穷乡僻壤，他们生产条件落后，经济收入有限，生活水平依然较低。他们是伟大的，是默默付出的英雄，值得我们永远记住。

第二章 香港水资源匮乏的困境及其纾解

香港濒临南海，地形地质条件复杂，以山地和丘陵为主，岩性主要是火山岩、花岗岩。其平原狭小且沃土稀少，所占面积不足总面积的10%。

香港地处亚热带，具有典型的亚热带海洋性气候特征。

因为地形地貌和气候的特殊性，香港一直以来缺乏水资源和土地资源。然而，香港具有优越的地理优势，西北面是地大物博的内地，东南面是一望无际的辽阔海域，绵延八百余千米的海岸线则是理想的天然港湾，这使得香港成为连接亚洲大陆和美洲大陆的重要经济贸易纽带。

19世纪40年代至20世纪90年代，香港人口经历了几次急速的增长。1841年香港人口只有7000多人，到1851年人口增加到32983人，增长率达342%。此后，19世纪后半叶，人口增长稍有变缓，基本上以每十年增加10万人的速度递增。20世纪，人口又开始了新一轮快速增长，大约每十年增加100万人。

香港人口的不断激增，推动着香港由渔农社会一步一步转型为世界贸易转运中心、世界航运中心和国际金融中心。伴随着经济的崛起与社会的繁荣，香港对饮用水和生活用水的需求量也日渐增大，由此开始不断开拓水源、建设水塘及供水网络。

香港的供水发展史是在一次次遭遇旱灾、经历水荒、经受煎熬的境况下，突破地域的限制，勇敢寻找水源、开垦水源、拓展水源的历史。

从早期的以井水、溪涧流水作为用水；到大规模开发本地的陆域水资源，建设了一批批水塘工程，搭建起输水管网；再到开发利用海水，建立了一套独立的海水冲厕系统；通过创新建设香港两大海湾水库，建立起较为完善的集中供水系统。

然而，由于天然淡水资源匮乏，香港无论怎样利用本地水资源，都始终无法摆脱缺水的困境。直到突破地域的限制，通过开拓东江水源，依靠跨境水源工程——东深供水工程，从广东省东江流域大规模地引水进港，香港才最终摆脱了长期的水荒水困，建成了水源充足、供水稳定的网络体系，并由此谱写出一部“东江水，两地情”的供水篇章。

第一节　香港水资源的特征

香港位于珠江出海口东部，南濒临南海，北毗邻深圳，西与澳门相望，大致位于深圳河以南，介于北纬22° 09′～22° 37′，东经113° 52′～114° 30′之间，与广州市中心相距约140千米，属于华南丘陵向海延伸的终端。最新统计资料显示，其总陆地面积为1104平方千米。

香港境内多山丘、岩岛和海湾，大小岛屿星罗棋布，山地与丘陵面积约占总面积的3/4，平地面积仅占1/4左右。众多的岛屿、半岛围成了香港曲折绵长的海岸线和多个海湾、海峡，海岸线长870千米。主要海湾有深圳湾、大鹏湾、清水湾、深水湾等。主要海峡有赤门海峡、鲤鱼门海峡、硫磺海峡、汲水门海峡等。中国香港还有与美国旧金山湾、巴西里约热内卢港并称为世界三大天然良港的维多利亚港。

香港地理位置独特，虽然地处亚热带，降水充沛，但境内没有自然的大江大河和湖泊，而且人多地狭，缺乏兴建用以拦蓄雨水大型水库的有利地形，坚硬的花岗岩地质条件也不利于地下水的贮存。因此，香港可利用的水资源较为匮乏，这也使香港被冠以“贫瘠岩石”的名号。

一、地质与地形

（一）香港的地质

香港的地质构造与广东省沿海地区基本相同，为多个地质时代的造山运动与侵蚀作用共同作用的结果。山脉多数由火山岩构成，其中以中侏罗世酸性火山岩与晚侏罗世花岗岩为主，香港1/3的面积均分布着花岗岩。低洼地区主要由花岗岩或沉积岩覆盖，长期的风化侵蚀作用使抗风化能力较弱的沉积岩形成低矮的丘陵和平原。

香港的岩石分为火成岩、沉积岩和变质岩三大类，由于它们抗御风化、水蚀等外部作用的能力相差较大，形成了香港现在山地、丘陵多，而低地、平原少的地貌特征。

（二）香港的地形

香港地形较为复杂，山脉和陡峭山坡构成了主要天然地形，其中许多山脉、陡坡直伸入海，各岛基本上呈中间高四周低的特点。

全区最高的山峰是位于新界的大帽山和位于大屿山的凤凰山，分别高达957米和943米。最深水位在蒲台岛以北、螺洲海峡的螺洲门，深度约为66米。

香港全区由香港岛、九龙半岛、新界三部分组成，这在一定程度上由其地理、地形地势以及不同历史时期政治因素所决定。

香港岛。香港岛为境内的第二大岛，位于维多利亚海湾南面，北与九龙半岛隔海相望。地形由北向南逐渐降低，沿海为较狭窄的带状平地，海岸曲折，包括附近小岛总面积为80.52平方千米，是香港地区政治、经济中心。

九龙。广义的九龙范围包括新九龙在内的整个九龙地区，北界为狮子山、飞鹅岭的南麓，南至界限街和鲤鱼门，西北部为荔枝角，东部到将军澳以西。地势大致呈北部高、南部低。面积为46.94平方千米。

新界。新界位于香港北部，是香港面积最大的部分，连同附近岛屿，面积达975.1平方千米，占香港面积的近90%。它北以深圳河与深圳分界，东起大鹏湾，西至深圳湾，南至烟墩山，飞蛾岭与九龙相接。新界是香港地势最高的地方，最高海拔957米。香港多数较大型水塘均位于新界，如大榄涌水塘、城门水塘、九龙水塘等。

二、气候特征

香港位于北回归线以南，地处亚热带，濒临大海，呈典型的亚热带海洋性气候特征。

据有关资料，香港多年平均气温23.0摄氏度。一年之中最冷月份为1月，平均气温16.3摄氏度；最热月份为7月，平均气温28.8摄氏度。极端最低气温0摄氏度，极端最高气温36.1摄氏度。多年平均降水量为2398.5毫米。

严重影响香港的天气现象主要包括5—10月出现的热带气旋，多在10月至翌年3月间出现的强烈冬季季候风，夏季出现的夏季季候风，新界山地及内陆于12月至翌年2月间偶有出现的霜和冰雪，以及4—9月经常出现的雷暴等。

香港每年受热带气旋威胁常达5～6次，气旋若接近香港则可能会带来八级以上的大风，约每数年有一次风力达十二级的强台风。热带气旋所带来的恶劣天气通常可持续数日，由此引发山泥倾泻和水浸灾害，给居民的工作和生活带来诸多不便。

三、河流水系及水文特征

（一）河流水系

香港地处潮湿的亚热带，丰沛的降水、径流使地表水系较发达，但地形以陡坡为主，加上陆域面积总体不大，使水系的作用范围较小。除与深圳交界、发源于深圳梧桐山、由东北向西流入后海湾的深圳河之外，境内无大的河流水系和湖泊。河流多为短小型，源短流急，大部分河流长度不超过8千米，汇流时间短，极易形成暴涨暴落的山溪性洪水，且流速和流量受季节性降水影响，属季节性河流，这使河流的水资源难以被人们利用。

香港主要河流有城门河、梧桐河、林村河、元朗河和锦田河等。

（二）河口—近海水域的水文特征

珠江排入南海的淡水是影响香港附近水域水文特性最重要的因素之一，加上香港海水受三股不同的海流作用，一年四季海水与淡水之间此消彼长、相互影响、相互作用，形成了香港海域颇具特色的水文变化规律，这种变化尤以夏季最为明显。

夏季，东北温暖海流把咸度很高的南海海流带进香港水域，与珠江口排泄入海的淡水相互影响，把香港水域分成三部分：西部受淡水影响最大，水质微咸；东部小溪流和季候雨把海水稍微冲淡；中部则由珠江淡水和海流两者之间的作用而定。

冬季，温暖高咸度的海水从太平洋吕宋海峡由黑潮带入香港水域。由于冬季珠江淡水量较小，影响作用不大，故香港水域水质咸度较一致。另外，冬季台湾海流把寒冷的海水带入，使香港水域冬季水面温度较低。

（三）潮汐规律

因日昼和半日昼影响，香港的潮汐涨退规律非常复杂，正常的涨退幅度大约在1～2米之间。涨退潮规律虽复杂，但也具有流动规律：涨潮向北流入大鹏湾，西经过维多利亚港，北通汲水门及马湾海峡，退潮时水流方向相反，受其他因素影响，局部地区会有变化。

四、天然水资源条件

（一）降水

香港降水相对丰沛，多年平均降水量2214.3毫米。但区域内多年平均降水量差别很大，年内分配也很不均匀。例如，横澜岛每年降水量仅约1200毫米，而大帽山附近则超过3000毫米。降水在一年内的季节变化也很明显，一年中最潮湿的月份为8月，平均降水量为391.4毫米；最干燥的月份为1月，平均降水量仅为23.4毫米；每年5—9月份为湿季，降水比较集中，湿季降水量可占全年降水量的80%以上。

表2–1　香港平均气候及降水情况表（1981—2010年）

月份	最高气温/℃	平均气温/℃	最低气温/℃	总雨量/mm	降雨日数*/d	平均日照/h	相对湿度/%
1	18.6	16.3	14.5	24.7	5.4	4.6	74
2	18.9	16.8	15.0	54.4	9.1	3.3	80
3	21.4	19.1	17.2	82.2	10.9	2.9	82
4	25.0	22.6	20.8	174.7	12.0	3.4	83
5	28.4	25.9	24.1	304.7	14.7	4.5	83
6	30.2	27.9	26.2	456.1	19.1	4.9	82
7	31.4	28.8	26.8	376.5	17.6	6.8	81
8	31.1	28.6	26.6	432.2	16.9	6.1	81
9	30.1	27.7	25.8	327.6	14.7	5.7	78
10	27.8	25.5	23.7	100.9	7.4	6.3	73
11	24.1	21.8	19.8	37.6	5.5	6.0	71
12	20.2	17.9	15.9	26.8	4.5	5.6	69
全年	25.6	23.3	21.4	2398.5	137.6	5.0	78

说明：气象站位置为北纬22.3 度，东经114.2 度，海拔40 米；“*”表示日降雨量不少于1 毫米的天数。

（二）地表径流

香港地处潮湿的亚热带，虽降水丰沛，径流丰富，但由于地面以陡坡为主，加上河流水系多属短小型，河流坡降较大，故水系作用范围有限，河流的季节性明显。在干旱的冬季，大多数河流难以维持水流，河床可能部分出露或全部出露。而在湿润的春夏，降水过于集中，径流量很大，有时水位上升很快，极易使河流达到漫滩水位，淹没沿岸地区，造成洪涝灾害。据珠江水利委员会水文局张立教授于1997年初步估算，香港多年平均地表径流深度为1240毫米左右，多年平均地表水资源量约为13.6亿立方米。

从前面阐述可以看出，不利的地域限制使香港地区缺乏可利用的水资源。地表径流虽然丰富，但本地没有湖泊和较大的河流，源短流急、暴涨暴落、作用范围十分有限的河流，使收集拦蓄地表径流较为困难，往往会形成丰水年水多蓄不了，枯水年水少蓄不满的局面。

据香港水务署2015年提供的资料，香港全年总用水量达9.73亿立方米，约为本地地表水资源量的72%。由于经济和社会的发展需要大量用水，当地水资源根本不能满足需水要求，且不具备兴建新的大中型水塘的条件。原因：一是当地水资源开发利用程度已相对较高；二是（最重要的）土地资源限制，就本地开发利用条件而言，其土地面积的1/3已作为集水区，对寸土寸金的香港再进行新的集水区规划建设是不现实的，且从经济角度来看，再开发利用新的本地其他水源也是不划算的。

香港已建成的大型蓄水工程有万宜水库、船湾淡水湖，小型水塘有城门、石壁等，这些蓄水工程可为香港提供部分淡水，但无法满足香港全社会的工业和生活用水需要，有七成以上的水量必须依靠东深供水工程供水。

香港的蓄水工程——万宜水库和船湾淡水湖两座大型水库，是集土地资源、水资源、海湾优势条件，在海湾中兴建的大型水库，它们为我国沿海地区，特别是沿海缺水地区土地资源、水资源的充分利用树立了典范。

（三）地下水利用

香港绵延起伏的高山丘陵主要由火山岩和花岗岩构成，降雨时，地表径流来得快去得也快，地下岩层不能储存大量的地下水，因此地下水资源并不充裕。

由于地质构造复杂，沿海地势易受污染和海水入侵等众多因素，地下水不具备大规模开采的条件。早期，地下水井开采分散，且开采量不大，主要作为原住民的旱季生活用水和灌溉农田用水，以及早期欧洲移民的日常生活用水。当公共供水服务发展起来之后，地下水逐渐停用或关闭。为了节约淡水，部分地下水仅作为消防用水，但旱情严重时也时常启用地下水。

（四）海水利用

香港所处的地理位置决定其有丰富的海水资源，取用极为方便，开发利用潜力巨大。

香港的海水利用较为成功，为沿海地区树立了典范。20世纪50年代后期，为了缓解淡水紧缺的问题，香港建立了一个相对完善的海水冲厕系统，大大缓解了供水压力。例如，2015年全年利用海水总量达2.74亿立方米，占全区当年供水总量的22%，可见海水利用的成功程度。

五、水环境质量状况

20世纪90年代，香港河流的水污染较为严重，随着水环境受各方关注、重视，近年来水污染处理能力得到了大幅度提高，水环境也有了很大的改善。香港地区的水塘集水区也叫汇水区，内地常称为流域，多为郊野公园，风景优美，水环境受到保护，水质良好。

香港局部受污染的水源主要包括河溪水和近岸海水。河溪水污染源主要来自三个方面：游人在溪涧、河流里弃置的废物，畜禽养殖场和农场流出的含有动物粪便、化学肥料或杀虫剂的污水，以及工厂废料和民居排放的废污水。

香港海水的污染源除了污染的河水外，还包括市民抛入海水的垃圾、住宅和工厂未经处理的废污水，以及船只漏出的油污或运油船发生意外时泄出的原油等。全区每天有少部分的污水未能及时处理而直接排入河溪和海域。

（一）河流溪水的水质

近年来，大部分河流溪涧水质得到了很大改善，但仍有部分河流溪涧受到比较严重的污染。受污染的溪流都在人口和工农业密集地区，未受污染的溪流一般都在游人较难到达和较少人口居住的地区。这些污染的溪流流经市镇时，便会严重威胁公众的健康。污染物主要是畜禽业排放的废物，此外，在缺乏卫生设备和排泄系统的地方，农业废料、家庭生活污水都直接排入溪中。

根据2007年香港环保署资料，主要河流如屯门河的部分断面，大肠杆菌的全年平均水质指数为14.26。而水质指数衡量标准以4.6～7.5为良好，7.6～10.5为普通，10.6～13.5为恶劣，13.6～15.0为极劣。可见，部分河溪水质污染已经十分严重。①

（二）海水水质

早期的香港，随着经济、社会的发展，水污染相对严重。海港的水质状况不佳，大量的有机物被排入海港，海水中的溶解氧约有半数处于饱和状况。据当时的环保署估计，香港每日约有100万吨污水未经过处理排放入海，这对一些封闭水域，如避风塘等地造成了严重的污染。其中情况最严重的是临近启德机场的九龙湾避风塘，其污水散发出臭味及有毒气体。近十年来，这种状况已有所缓解。

除了本地的污染源，每当雨季，深圳河和珠江口的水流夹杂着珠江三角洲的污染物也给香港海域造成比较严重的污染。由于历年填海，维多利

① 香港特别行政区政府环境保护署．2007年香港河溪水质［EB/OL］．2008：F-11. http://www.docin.com/p-223512799.html.

亚港的水流冲刷能力减弱，加剧了海水污染。吐露港港湾三面环山，水流的冲刷能力较低，污染也较严重。海水的水质恶化也使各类海产受到不同程度的污染，海湾的不少蚝类和贝类含有有毒金属和大肠杆菌。

第二节　香港水资源匮乏的困境

香港是世界上人口最稠密的地区之一，也是人均拥有水资源量极低的地区。2013年，人均拥有本地水资源量81.2立方米，不及全国人均的4%。①

香港水资源存量与其经济和社会的发展水平极其不相适应。长期以来，随着人口的增长和经济的发展，水资源的开发速度却始终无法跟上步伐。尽管在不同时代，政府都曾以最大的努力、最大的投入开发水资源，但一次次殚精竭虑，最终也无法摆脱受天雨控制的命运，突显水资源匮乏的困境。

一、人均拥有水资源量很低

由于香港地形狭耸陡峭，可供开发的地表淡水资源非常有限，截至1931年，大潭水塘扩建工程、香港仔水塘计划实施后，香港岛可开发的地表淡水资源基本上开发殆尽，利用水塘可蓄存的地表淡水资源量约993.1万立方米。以1931年人口总量130万人计算，人均可获得的水资源量仅为每

① 2013年，中国人均水资源量2300立方米，换算成每日人均可拥有6.3立方米，仅为世界平均水平的1/4，也是全球人均水资源最贫乏的国家之一。香港本地水资源加上东深供水拥有的11亿立方米水权，使得香港地区人均拥有水资源量为233.6立方米，达到全国人均的10%，但依然不及世界平均水平的3%。

年7.7立方米。[①]但实际上，由于1928—1929年的连续大旱，人均获得的水资源量每天不到0.035立方米。

早在19世纪50—90年代，为了尽快增加香港地区的供水，政府大力开展水塘建设。1863年，第一个供水系统薄扶林水塘开发后，容量只有9092立方米，此时人均获得的水资源量约为0.11立方米，只够一个居民四天的使用量。到第二个水塘大潭水塘建成后，容量有176.4万立方米，人均水资源量增加到大约每年2.71立方米。时至1898年，香港开始将九龙半岛界限街以北地区（又称新界）纳入发展版图。新界地区面积达988平方千米，大埔、沙田、粉岭、笔架山、大屿山等有利地形地貌适于兴建大型水塘，因此，水塘建设得到加速发展。

第二次世界大战后，政府投入更多资金建设大型水塘。新界地区先后建有八座水塘，分别为九龙水塘群（包括九龙接收水塘、九龙副水塘、石梨贝水塘）、城门水塘（又称银禧水塘，包括越海引水—海底输水管工程）、下城门水塘、大榄涌水塘、石壁水塘，总储水量约6794万立方米。石壁水塘，位于大屿山西南部大龙湾以北的石壁河谷，1959年动工兴建，1964年11月建成启用，水塘容量为2507万立方米。至此，新界陆域内基本上没有合适的地点再兴建超大型水塘。

从香港岛开发的第一个水塘供水到新界地区最后一个大型水塘完工启用，整整101年。水塘容量从最初的9092立方米增加到7790万立方米，增加了8567倍。若以1964年总人口350万计算，此时，人均水资源拥有量约为每年22.3立方米。

然而，尽管水塘容量增加了几千倍，也无法改变缺水的局面。1963—1964年遭遇的百年一遇大旱，使人口300多万人、经济总量超100亿港元的香港陷入更大的困境，由于供水不济，经济大面积停顿，损失惨重。

为了改变缺水局面，政府再次改革创新，利用部分海湾有利地形分别

① 相比之下，以1899年人口总量65万人计算，人均可获得的水资源量仅为每年15.3立方米。

于1968年、1978年建成了两座超大型海湾水库。两大海湾水库加上已有的传统水塘，使蓄水容积再次大幅度增加到58706万立方米，是以往传统水塘总容量的7.5倍。若以1978年总人口450万计算，当时的人均水资源拥有量达到了130.4立方米，尽管还是很低，但创下了本地人均水资源量最高值的纪录。

至此，香港已有将近1/3的陆地面积被划为集水区，如此大规模的供水工程和庞大的集水区，都是在天然条件较差的基础上兴建的，对于寸土寸金的香港来说，这一切不仅需要大量的人力、物力为代价，更需要雄厚的资金和先进的技术为支撑。克服天然水资源匮乏的问题，创造出如此浩大的供水体系实属不易，这也为我国沿海城市兴建海湾水库提供了非常有价值的借鉴范例。

二、曾经“望天打卦”[①]，缺水严重

香港河流源短流急，雨季来临，河水暴涨暴落，枯季少雨或无雨，河流几乎断流，使收集拦蓄地表径流较为困难，往往造成丰水年水多蓄不了，而枯水年又无水可蓄的情况。

水塘是香港最基础的供水设施之一，19世纪60年代，香港岛开始利用一些有利的地形兴建水塘收集雨水，满足用水需求。

早年人们以井水、溪涧流水作为用水。英国占领初期，人口不多，社区零星分布，人们以挑溪涧水作为日常用水。最早的供水可追溯到1851年，当时政府划拨52英镑开凿5口水井，其后又开凿了更多的水井以满足用水的需要。1896年，根据工务局长谷巴（F.A.Cooper）引述，1860年前政府亦在主要的溪流上游盖建储水池，储存溪水供市民饮用。其间，虽然水源经常受到地面水的污染，导致当时肠炎流行，但用水量并不十分紧张。[②]

---

① 粤语，意为把用水的希望完全寄托于雨水。

② 珠江水利委员会. 香港水管理与水供需发展［R］. 1997：22.

半潭清水，已是居民洗衣、灌溉及烧饭的主要水源（摄于19世纪90年代）

图为专业挑水工人的整套装备。赤足及赤膊，是挑水苦力最常见的装扮（摄于19世纪80年代）

香港居民年年望天祈雨，当年的雨水丰枯，决定了来年的供水多少，一旦天旱少雨，供水就常常陷入困境。虽然经过长期的水塘建设，集水区面积已经占香港总面积的1/3，尤其是在船湾淡水湖和万宜水库两大容量超大的海湾水库建成之后，库塘总容量大大增加，但船湾和万宜水库由于容量超大，水并不容易蓄满。如果遇到丰水年，当年的集雨量就能蓄满水库；如果遇到平水年或者枯水年，必须经过多年的积累才能蓄满。然而，年年不断增加的用水需求远远大于库塘的蓄水量，因此，要想年年蓄满水库谈何容易。

根据1978—2015年香港水务署提供的资料，在38年里，只有1978年和1982年集水区的集水量超过4亿立方米，分别达到4.17亿立方米和5.29亿立方米，其余年份均未超过3.7亿立方米。

与此相反，用水量年年递增，缺水量越来越大。以1978年以来的情况为例。据统计，1978年集水区的集水量为4.17亿立方米，全年淡水消耗量为4.31亿立方米，缺水量为0.14亿立方米，勉强维持供需平衡。1979年集水区的集水量为3.57亿立方米，全年消耗淡水4.77亿立方米，缺水量为1.2

亿立方米，缺水量较上年增加了9.6倍，供需无法维持平衡。1980年集水区的集水量为2.41亿立方米，全年淡水消耗量为5.16亿立方米，缺水量为2.75亿立方米，较上年增加了1.3倍，缺水量超过全年淡水消耗量的50%，供需矛盾突出。1981年不良情况继续，缺水量超过全年淡水消耗量的50%。

直到1982年，缺水情况才有所缓解，当年集水区的集水量为5.29亿立方米，全年淡水消耗量为5.41亿立方米，缺水量为0.12亿立方米，基本维持供需平衡。但这种好的情况没有延续，1983年集水区的集水量下降到3.34亿立方米，当年的淡水消耗量为6.05亿立方米，缺水量为2.71亿立方米。此后直到2015年，集水区的集水量再也没有达到4亿立方米。

事实上，香港库塘总容量只有5.86亿立方米，即使年年蓄满也已经不能满足日益增长的用水需要。早在1983年，总用水量已经超过所能拦蓄的水资源量，除非社会、经济发展停滞，否则不可能达到供需平衡。

库塘蓄水量的多少主要依赖降雨。1978—2015年间，库塘集水量低于2亿立方米的枯水年份有1988年、1991年、1996年、1999年、2004年、2007年和2011年共7年，其中干旱少雨导致缺水最严重的是1999年、2004年、2007年和2011年，库塘集水量分别为1.06亿、1.11亿、1.86亿和1.03亿立方米，缺水量分别高达8.04亿、8.44亿、7.64亿和8.2亿立方米。在这38年

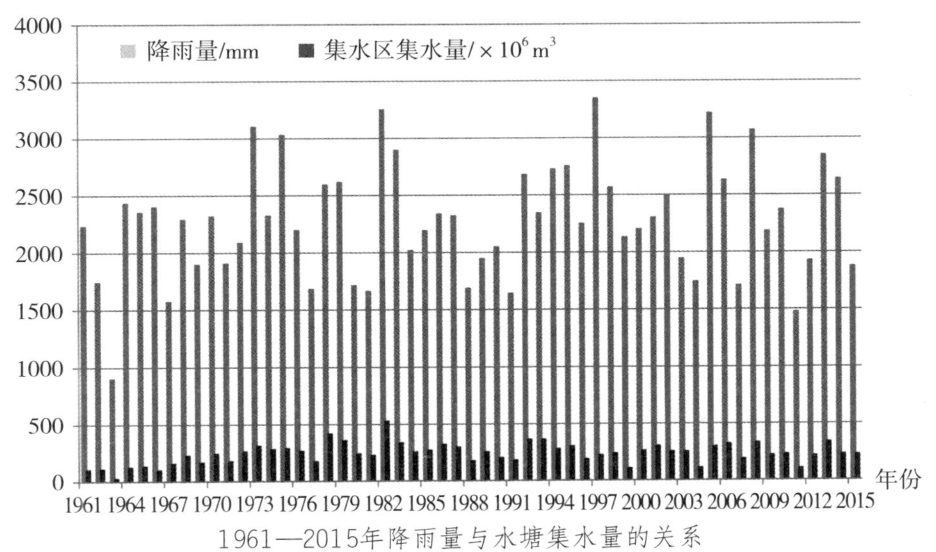

1961—2015年降雨量与水塘集水量的关系

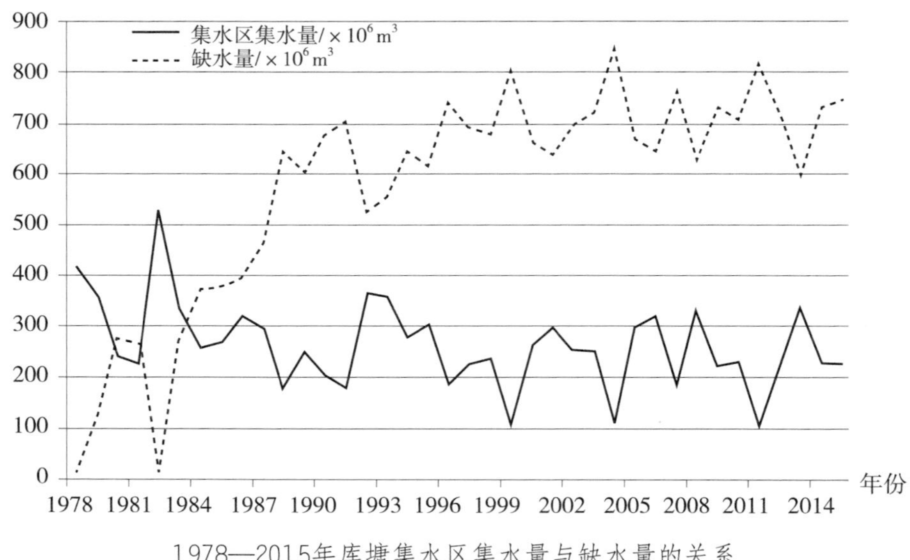

1978—2015年库塘集水区集水量与缺水量的关系

里，库塘集水量大于3亿立方米的丰水年份只有12年，占比31.6%，大部分年份都是中小水年，缺水严重。

显而易见，这种完全“靠天喝水”的状态，使香港在供水问题上陷入极端被动的状况：供水量极不稳定，还随时可能陷入水荒。一旦出现水荒，经济发展不仅不能维持现状，反而会严重倒退。

三、严重的旱情及水荒苦况

1851—1965年间，香港遭遇了几次严重的旱情和极端缺水的考验。严重的旱情和水荒苦况反复发生，使香港饱受缺水、瘟疫困扰，社会动荡、经济下滑，水务工程开拓也历经考验。

（一）1893—1896年旱情与瘟疫横行

1893年10月至1894年5月16日，香港滴雨未下。5月首先在天平山区发现疫症，6月瘟疫爆发。

据政府医务报告记载，1894年5月中旬被证实的疫症个案有150宗，而每天感染瘟疫送往医院的病人有70多人，由东华医院管理的镜湖医院，收容的病人达200名，远远超出其容量。事实上，感染瘟疫的人数远不止这些，5月底，政府公布的死亡人数为450人，到6月15日，政府再次公布死亡人数已上升至1900人。①

商业活动因瘟疫爆发而大受影响，不少商行的东主纷纷带领雇员和家眷离港回粤。本来计划来港经商者也推迟来港日期，截至6月15日，离港回粤的人数达8万人。食品及日常用品因贸易活动减少而供不应求，价格飙升30%～50%，1894年9月及10月的两场风暴，使情况更加糟糕。

当时，要求政府增加供水，消毒杀菌，清洁瘟疫重灾区的建议不断提出。英国工程师雷邦（Ripon）建议大潭水塘至少增加供水量36万立方米。然而，大潭水塘供水输水管容量有限，大量增加供水量谈何容易，为此，政府几乎束手无策。

祸不单行，在当时政府无法改善供水情况的情势下，1895年旱情持续，全年降雨量仅1163毫米，较正常年份降雨量2311毫米少了一半。为控制瘟疫蔓延，政府将部分被污染的水井关闭，使用水短缺更加严重。在此背景下，唯有实施限时供水。4—6月、10—12月，每天只供水3～4小时；4—6月，每人每日平均只供应用水0.035立方米；6—7月，每人每日平均供应用水0.044立方米。此次干旱叠加瘟疫，给香港社会造成巨大损失。据政府官方资料显示，1895年死亡人数约有2000人，但此数字主要是发现尸体的数量，民众自行埋葬死者的个案，不计其数。

天然水源不洁，是瘟疫蔓延的主要原因之一。根据威廉（William）医生1986年就香港卫生状况所作的调查报告，疫症蔓延最厉害的时期，井水中含有大量细菌，河水及海水也受到细菌的污染，整个海港已受到疫症的威胁。

1894—1896年间，大量民众因逃避瘟疫，离港回粤，而华南一带的居民亦不敢与香港进行贸易活动。根据粤海关档案的统计数据，1894—1898

① 何佩然．点滴话当年——香港供水一百五十年［M］．香港：商务印书馆，2001：55.

年，由穗迁往港的人数一直递减，平均每年递减10%。相反，从港迁往穗的人口却不断增加。[①] 政府如果不能彻底解决用水问题，香港根本无法继续发展商业贸易。

（二）1901—1940年间四次因连续两年干旱而遭遇旱情[②]

在1901—1940年的40年间，平均降雨量少于2000毫米的年份有15年，其中连续两年干旱的年份，有1905—1906年、1909—1910年、1928—1929年及1935—1936年共四次。干旱年份居民获得供水量受到限制——又称“制水”，即限时限量地供水，人均可供水量很少。

从表2-2中不难看出，1929年是20世纪上半叶历次旱情中，人口最多的年份。当年的供水量下降了22.8%，而人口数量却上升了6.3%，导致人均可供水量只有0.036立方米，达到最低。

表2-2　香港干旱年的人均供水量统计

年份	全年降雨量 /mm	全港人口 /人	全年供水量 /$10^4\ m^3$	人均每天获供水量 /m^3
1905	1802	—	708	—
1906	1976	319 803	600	0.051
1909	1924	—	821	—
1910	1781	—	861	—
1911	2300	456 739	882	0.053
1928	1807	1 075 690	1965	0.05
1929	1774	1 143 510	1517	0.036
1935	1812	966 341	2697	0.076
1936	1772	988 190	2948	0.082

1929年1—4月，全港降雨量只有90毫米，打破了有史以来的降雨量最低纪录。香港岛的水塘，除了大潭笃以外，全告枯竭。截至6月，香港居民每天耗水量只有1.82万立方米，约为上年夏季5.46万立方米耗水量的

① 何佩然. 点滴话当年——香港供水一百五十年［M］. 香港：商务印书馆，2001：57.

② 同①123-130.

1/3。1929年4月，香港实施“七级制水”（见表2–3）。限时供水，是以划分等级的方式来表示供水时长的一种制水办法，级数越高，供水时间越短。

表2–3　香港供水史上的“七级制水”

制水级别	供水情况
一级制水	旁喉[①]供水时间上午6时至下午9时（共供水15小时）
二级制水	旁喉供水时间上午6时至11时，下午4时至9时（共供水10小时）
三级制水	旁喉供水时间上午6时至9时，下午4时至7时（共供水6小时）
四级制水	旁喉开放2小时，街喉[②]开放12小时
五级制水	关闭旁喉，街喉全日开放2次
六级制水	街喉开放1次
七级制水	关闭街喉

在1928—1929年制水期间，更规定每人每天最多只能利用两个容量约0.018立方米的水桶，轮流从街喉盛水，由于轮候的人数众多，居民须花费至少半天时间，才可获得两桶水。限时限量的供水措施，使居民每天为水奔波，十分辛苦。

为争取接水时间，争吵、打架，甚至导致血案，时有发生。根据当时报纸记载：“居民皆要雇人出街挑水，但街喉之水甚缓，不似从前之急流，以至无分日夜，居民之出街挑水者，其水桶有如长蛇阵，火水罐嘭嘭之声，日夜不绝，更有贫家小儿女，手挽小罉，往水喉欲取一些少之水，以为煮饭之用，由朝至晚而不得一滴者，盖为强有力者霸占故也。”[③]贫困居民自早饭时间出门取水至下午3时才得一担水，是相当普遍的现象。

---

① 指香港20世纪六七十年代在主要输水管（大喉）的旁边，按照各街道的分布情况，加设安装有钥匙作开关的水龙头，防止私人用户在未经许可的情况下随意开关连接入住户的水龙头。该附加水管因设在行人道旁，且又在主要输水管旁边，故俗称“旁喉”。

② 指香港20世纪六七十年代在主要输水管（大喉）上的水龙头。

③ 何佩然. 点滴话当年——香港供水一百五十年［M］. 香港：商务印书馆，2001：129.

1929年水荒，居民排队取水一景。轮候取水者以男性挑水苦力为主，所用的水桶容量大、数量多，妇女或小孩难与争锋

（三）1963—1964年遭百年一遇的严重旱情[①]

1962年5月至1963年4月，香港的降雨量只有1439毫米，较平均降雨量2235毫米少了796毫米。1963年3月31日香港各水塘的总存水量只有2434万立方米，约为总存量的51%。1963年5月至1964年5月的13个月内，降雨量仅1041毫米，不及平均降雨量2235毫米的一半。

食水严重不足，情况紧迫！政府在1963年5月2日将供水时间减为每天3小时；至5月16日，改为隔天供水4小时；至6月1日，当水塘的存水量只有80万立方米，约为总存量的1.7%时，政府被迫实施4天供水4小时的措施。这一措施，一直维持到1964年5月27日，飓风维奥娜（Viola）登陆香港带来暴雨后才结束，居民受缺水困扰长达一年。

4天供水4小时，使香港各行各业生产停滞不前，经济的正常运行遭到严重打击。而得益最大者，可能要算水桶生产商了。1963年，水桶销量倍增，50加仑（0.23立方米）装的铁制大水桶，最受市民欢迎，由于供求失调，一日内销售数量及价格涨幅达数倍。一些专造铁器的商家也连夜赶

---

① 何佩然. 点滴话当年——香港供水一百五十年［M］. 香港：商务印书馆，182-201.

工，借此赚取更多的利润。粗略估计，4加仑（0.018立方米）装的水桶，在1963年全港有300万个，排列起来长达724千米，高1046千米，比太平山还高近两倍。

1963年5月2日，政府将供水时间减为每天3小时。图为5月13日轮候取水的混乱场面，由警察维持秩序的接水人龙，根本找不到水龙头。自6月1日开始每4天供水4小时

搬运食用水成了一门新兴的生意，不少新界乡民乘机抽运井水售予市民，一些渔船往大屿山及离岛一带，寻找山涧清泉出售。在1963年5月之前，天然水的售价约为每担1角，但5月宣布制水后，竟加至每担5角，且销量甚佳。新界地区不少酒楼餐馆雇用货车到山溪取水，货车司机纷纷改营运水生意，一般运送山水，收费为数角1担，而市区的水价有些高至每桶5元。

“祸不单行”，夏日炎炎，缺乏足够的清洁水源，使得疾病传播也变本加厉。1963年6月28日，香港发现第一宗霍乱，至年底共发现115宗，疑似感染霍乱病者均被送往漆咸道检疫所隔离。除霍乱病外，其他因卫生环境恶劣而引发的肠道传染病如痢疾、肠热及伤寒疫症，也有增加的趋势。大量减少清洁用水，停止清洗街道、冲洗沟渠等平日的清洁工作，疏忽监管从外地输入的淡水及地下水源的水质，长期空置输水管等，均造成沟渠淤塞、水渠干涸、污浊空气排放于空气中，公共卫生环境变差，疾病就容易蔓延。

为了防止疫症扩散，政府于香港公立诊疗所、医院及64个临时注射站，为市民注射霍乱疫苗。在宣布制水后数天，就有67万人接受疫苗注射。截至当年7月上旬，接受疫苗注射的人数达188.6万人。11月底，又启动第二轮霍乱疫苗注射，教育司署及医务卫生署为香港10岁以下儿童注射

各种流行病的疫苗。水务署加强检查常用水井的水质，加放漂白粉消毒，提醒居民井水不宜饮用，并注意盛载食用水器皿的清洁等，以控制疫病蔓延。为了改善公共卫生，自7月17日起，香港116间公共浴室向居民开放，水务署派出13辆载水车，每日将约455立方米井水运往公共浴室供市民使用。据统计，1963年第二季度，使用公共浴室为93.6万人次，平均每日使用为1.3万人次。公共浴室的开放，为不少人口密集地区的市民解决了部分清洁用水问题。

一些人口稠密的地区或多层大厦，是制水期间的重灾区，原因是在指定的供水时间内，同区水龙头全部同时启用，水压严重不足。旧式大厦装设的输水管，一般直径不超过5厘米，而楼宇上层的水管稍窄，较高楼层的住户必须在楼下关掉水龙头后，才有水流出，故在制水期间，“楼下闩水喉”[①]之声不绝于耳。一幢四层唐楼，如各楼层轮流利用4小时供水，每楼层平均每4天只获1小时供水，假设每楼层有6户住户，每户只有10分钟取水时间，平均每人获供水时间可能只有1～3分钟。在分秒必争的压力下，邻里间难免因轮水时间、轮候次序等发生争执。其间所招致的损失，小则头破血流，送医医治，大则因争执坐牢，甚至赔上性命。

缺水的困苦不堪，使人们求神问卜，寻求精神上的慰藉。宗教团体包括佛教、道教、基督教，分别号召信众于香港各处，举办祈雨的宗教仪式，希望天降甘霖，缓解水荒。一些道教团体，邀请当时的社会贤达参与祈雨仪式，仪式持续长达7昼夜，而香港佛教联合会亦举行祈雨法会，广邀信众参与。

1963—1964年的旱情，无论在年降雨量、受灾总人口数量及水塘可供水量各方面来看，都是香港开埠以来遭遇最严重的一次旱灾。当时有一首民谣唱道：“月光光，照香港，山塘无水地无粮。阿姐担水去，阿妈上佛堂，唔知几时无水荒。”便是这次严重旱情的生动写照。

① 粤语，意为请楼下的居民关水龙头。

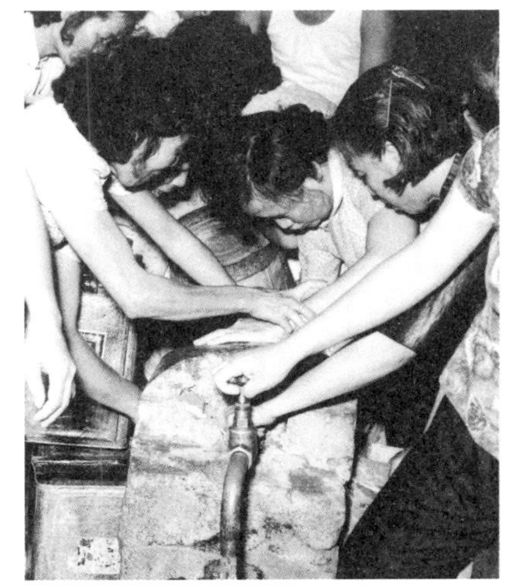

为了多取一点水，妇女们也顾不了秩序，你争我夺，状甚狼狈（摄于1963年5月13日）

位于钻石山木屋区的两个大型水箱，设备简陋，但却是低下阶层赖以维生的主要水源

1963年香港水荒，图为居民排队取水的情景

所有盛水器皿，几乎全部出动，两个最多可盛水9升的小铁罐，也交由家中年幼者来运水

1963年香港大旱，水荒严重，家家户户提着水桶轮流排队取水

依赖天雨的水塘供水与实施“制水”制度是20世纪上半叶香港常见的供水模式。制水期间，政府拼尽全力采取一系列应急措施来提供淡水，如设置一批流动水箱供水，组织油轮来往珠江口汲取西江淡水，重新开放水井，海水化淡，深圳水库增加供水等。但严重的水荒暴露了完全依赖天雨的水塘供水模式的弊端，这种供水模式遇到旱季常常导致无水可蓄，水塘干涸，供水陷入难以为继的困境。

表2-4是1963—1964年旱情期间香港食用水主要来源统计表，根据表中统计数据，当时广东境内供应香港的淡水占全香港耗水量的42.4%，政府由此也深刻地认识到，在人口急速膨胀的情况下，依赖收集本地降雨供水，没有可持续性，必须改变这一被动的应对模式。

表2-4　1963—1964年香港食用水供应主要来源及数据①

水源地	1963—1964年 食用水/×$10^4 m^3$（%）	1964—1965年 食用水/×$10^4 m^3$（%）
香港集水区	2547（42.8）	12 557（72.3）
香港境内溪流	808（13.6）	1642（9.5）
木湖井水	63（1.1）	57（0.3）
经油轮运港的珠江淡水	1399（23.5）	552（3.2）
经输水管运港的东江淡水	1122（18.9）	2550（14.7）
过境商船输入淡水	7.6（0.1）	0.9（0.005）
总计	5949（100）	17314（100）

第三节　香港经济发展与供水发展关系密切

水是经济发展的前提和基础，水的发展又是经济发展的结果，两者相辅相成，存在相互制约、相互依赖、相互促进的关系。

据统计，1970年香港本地生产总值、淡水用量分别为230.15亿元和2.86亿立方米，1980年分别为1367.75亿元和5.09亿立方米，到1995年更分

① Waterworks office. *Hong Kong Annual Departmental Report for the Financial Year 1964-1965*. Hong Kong：Government Printer，73.

别增长到11113.91亿元和9.19亿立方米。由此可见，香港的社会经济发展导致需水量不断增长。

经济发展和民生需水的迫切要求，对香港水务的发展产生了深刻的影响。随着经济实力的增强、人口的增加，香港水务不断投入雄厚资金，用于开发更多的本地水资源，但用水的供需矛盾始终未能彻底解决。回顾香港自第一个供水水塘的兴建至东深供水最终成为主要水源的供水发展历程，经常是刚建成一个供水水塘就已出现供水不敷所需的情况。一方面是供水水塘在不断地兴建，另一方面则是供水永远跟不上经济增长和人口增加所带来的用水需求增长，导致香港长期备受缺水之苦，特别是一遇到天旱无雨季节，水塘无水可蓄，供水难以为继时情况更加恶化。严重时导致社会矛盾加剧，经济面临崩溃。

一、人口猛增与经济热潮

（一）人口的增长

香港的人口状况随着经济发展发生了非常大的变化，从英军侵占时的一个仅有数千人的小渔岛，发展至2015年人口达732.43万的国际化大都市。香港人口密度达每平方千米6751人，其中香港岛、九龙所组成的市区人口密度甚至高达每平方千米28 130人，成为世界上人口最稠密的地区之一。香港人口的60%是在本土出生，出生于内地的约占36%，其他地方出生的占4%。

香港人口的增长曾经历以下几个不同阶段。

第一阶段（1841—1897年）。受太平天国战乱及美洲、澳洲淘金潮影响，大量华南移民及华工流入香港，香港人口一直处于递增状态。1852年，经香港迁往外洋的华工就有2万多名。1841年，人口只有7000多人，到1850年增长到3.29万人，1860年增长到11.93万人。在这20年间，平均每年的增长率达30%，到了1897年，已有人口24万人，人口增长达32.5倍。

大量移民和暂居的华工刺激了本地经济，同时食用水需求也大增。

第二阶段（1901—1940年）。1911年辛亥革命、1938年日本侵占广州等地，大量人口逃至香港，使人口又一次猛增，达164万人。1941—1945年日本占领香港期间，驱使百万人内迁，人口减少到65万人。

第三阶段（1945—1999年）。第二次世界大战后，香港的人口再次进入了高速增长阶段，每十年增加约100万人，至1999年达697.48万人。

第四阶段（2000—2015年）。香港的人口总数略有波动，增长率基本放缓，2000年人口数量首次减少，此后数年基本保持稳定，直到2005年，人口总数才缓慢回升，2005—2015年，人口增长率约为5‰。

（二）经济的发展

伴随着人口的骤增，香港的经济热潮此起彼伏，短短的几十年就发展为全球第四大贸易经济体，成为世界四大金融中心之一、世界第五大银行中心，拥有全球最大、最繁忙的集装箱货运港口和全球客流量最大之一的国际机场。根据国际管理研究所和世界经济论坛出版的《1995年世界竞争力报告书》，在全球最具有竞争力的经济体中，中国香港排名第三，仅次于美国和新加坡。根据瑞士管理学院（IMD）《2015年世界竞争力年报》，香港已经超过新加坡，排名第二，仅次于美国。

香港的经济发展得益于天时地利。据统计，1858—1860年短短两年内，香港注册的商行成倍地增长，外来人口开始在中西区建立民营企业，其中包括零售、粮食、花纱、布匹、洋货、茶叶等行业。

第一次世界大战期间，香港中小型企业及加工业得以迅速发展，经济繁盛。1936—1940年间，太平洋战争爆发前，香港的工业产品出口增长了6倍，出口总额占国民生产总值的比重，由3.1%增长到12.1%，工商业发展日益兴旺。

第二次世界大战结束后，香港人口骤增，大量资金及人才流入，迎来经济发展的大好机遇。1950年，香港的财政储备已从1949年的7200万港元跃升至1亿港元。

自20世纪60年代东江水通过东深供水工程源源不断地输往香港后，半个多世纪以来，香港经济增长了300多倍，经济呈持续高速发展。本地生产总值年平均增长率20世纪60年代为11.7%，70年代为9.2%，80年代为8.0%，90年代为9.6%，21世纪10年代至今为6.4%。

2014年中国香港本地生产总值达22 556.35亿港元。人均本地生产总值为31 1479美元，在亚洲仅次于日本，已超过英国、加拿大及澳大利亚。①

1. 贸易

香港背靠内地，巨量的转口贸易，使这里成为举足轻重的世界贸易中心和重要的进出口地。

1993年香港出口贸易额达22 303亿港元，高居世界第八位；进口额为10 726亿港元，居世界第七位；其转口贸易额8232亿港元，居世界第一位，是世界上最大的转口贸易埠。

2014年香港转口贸易额36 175亿港元，港产品出口额553亿港元，两者相加后的出口贸易额为36 728亿港元，加上进口额42 190亿港元，其贸易总额达78 918亿港元。

2. 制造业

香港的制造业是指一切生产或装配制成品的工厂、公司以及工业部门的总称，也就是内地所称的轻工业，是除建造业、矿业和水电等行业以外的一切加工制造业，包括制衣、电子、纺织、钟表、塑胶、玩具、首饰、金属制品、家用电器、印刷等40多个行业。

20世纪80—90年代初，香港工业经历重大的转型。1984年工业曾占本地生产总值的24.3%，但自1987年开始，其领先地位被服务业取代，1994年制造业生产总值达2961.90亿港元，其占本地生产总值的比重降至10%以下，2014年再降至1.4%，以2013年环比物量计算，产值降至300亿港元。其制造业链条中的许多环节，已经转移到内地。至2014年底，香港制造业

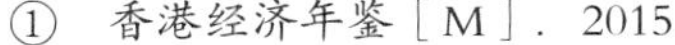

① 香港经济年鉴［M］. 2015.

产业链的跨境布局成为其最大的特点，其由保留在香港本地的高增值和科技密集工序，以及散布于内地省份（南方为主）及其他地方进行的土地和劳工密集工序组成。尽管如此，工业仍是香港的重要支柱，至2014年底，共有制造业企业11 056家，雇员人数共10.14万人。

3. 渔农矿业

香港的渔农矿业很不发达，其总产值在本地生产总值所占比重甚轻，且呈下降趋势。1992年渔农业仅占0.2%，而矿业更少，只占0.05%。

农业主要包括种植和畜禽养殖，香港正急速加快都市化进程，农耕地面积逐步缩小，主要分布在市区边陲。1993年农耕地占香港土地面积的9.4%；2014年，香港耕地面积约7.11平方千米，仅占香港土地面积的3.6%。耕地主要种植蔬菜、花卉、杂粮作物及果树。2014年本地每日平均生产蔬菜42吨、活鸡11 000只及生猪240头。本地农产供应香港所需蔬菜的1.9%，家禽的79.6%及猪肉的6.1%。2014年本地农业生产总值为8.3亿港元，包括农作物生产的2.48亿港元、牲畜生产的2.73亿港元和家禽生产的3.3亿港元。

渔业主要包括海洋捕捞和水产养殖业。2014年，渔业产品产量为16.08万吨，价值达25亿港元，其中90%的鱼获量来自香港以外水域。水产养殖包括内陆塘鱼养殖、海鱼养殖和生蚝养殖。2014年，水产养殖产量达3377吨，价值约1.69亿港元，占渔业总生产量的2%。

4. 服务业

香港的服务业包括批发、零售及进出口贸易，住宿及餐饮服务，运输、仓库、邮政及速递服务，资讯及通信服务，金融及保险服务，地产、专业及商用服务，公共行政、社会及个人服务，楼宇业权等。2014年，服务业在香港的本地生产总值所占比率为91.8%，以2013年环比物量计算，为19 953亿港元，比2013年增加2.4%。

5. 旅游业

20世纪80年代中后期，香港旅游业发展迅速，已成为亚洲及太平洋地区著名的旅游中心，成为赚取外汇的主要产业。2014年全年访港旅客达6084万人次，与入境旅游相关的消费总额达3590亿港元，比2013年增长8.5%。旅游业已成为赚取外汇的第二大行业。

二、水荒对香港经济的制约

香港经济的发展与其供水能力关系密切，供水常常成为制约经济发展的一个重要因素。这种现象，在缺水的年份尤其明显。

1882年以前，由于水源缺乏，供水能力远远跟不上社会经济发展和人们生活的需求，几乎年年供水不足，水荒不断，人们长期饱受缺水之苦。

自1895年首次实行“制水”以来，“制水”成为政府常用的重要管制用水的手段。20世纪上半叶，曾发生的两次水荒情况更为极端。1902年，香港遭受严重的旱灾，每天只限供水1小时，政府动用船只将水由内地运到香港。1929年大水荒时，港九地区9个贮水塘有5个干涸见底，当局派车运深圳河水，派船运珠江口淡水应急。

20世纪60年代，随着香港经济的腾飞，对水的需求急剧增长，缺水尤为突出。1963年珠江流域发生大旱，半年多的时间，香港每天只供应4小时淡水，6月份每4天供水一次，每次4小时，缺水严重影响了民众的生活。

1963年5月至1964年5月的13个月内，降雨量仅1041毫米，不及平均降雨量2235毫米的一半。每4天供水4小时的措施，一直维持到1964年5月27日，飓风维奥娜（Viola）登陆香港带来的暴雨才结束，居民受缺水困扰长达一年。

水荒使香港工商业经营环境变得恶劣。在此期间，制水使各行各业生产停滞不前，香港经济受到严重打击。根据港九工会联合会估计，有19个行业因水荒减产停工，20万工人收入减少。耗水较多的行业有饮食、洗衣、理发、饮料制造、染布、建筑等，由于在营运或生产过程中需要大量清水清洗生产工具或推动机器，缺乏淡水使得这些行业几乎无法继续运作。经营者纷纷采取特别措施，减低用水量。以下是一些真实案例，亲身经历者可能犹有余悸。

在服务行业，有酒楼为节省用水，向每位顾客派发3枚冲茶用的“水筹”，硬性规定顾客最多可冲热开水3次。此外，更停止向顾客供应毛巾，桌布则改用塑料，尽量减少使用清洁用水。茶餐厅不再提供免费清茶。理发店生意也大受缺水影响，因一般的洗发服务，平均每次需用水0.036立方米，在制水期间，理发店因无法储存足够用水应付顾客需求，被迫削减营业额。1963年6月下旬，理发店生意大约缩减30%，理发工人生活直接受到影响。

在制造业方面，织布厂受打击最大，一些生产毛巾或有色布料的工厂，因制水原因，无法使用大量淡水洗涤产品，生产量萎缩，厂家因减产而裁减员工，甚至全部停工。成衣的零售营业额也因居民消费意愿下降而大减。建筑业的进度则每日减慢约40%。部分零售商店的东主，因营业额下降、入不敷出、欠债累累，不堪经济打击而赔上性命的事件也时有发生。

因为水荒而导致居民经济上“缺水”，直接影响到居民生计。零售业、娱乐事业萧条，工商业减产、工人失业。物价飞涨，生活费增加，民众日常开支暴增。街边大排档的白粥、凉茶店的凉茶，从5分加至1角。蔬菜粮食因减产价格也涨了一倍。淘化大同公司（绿宝汽水）、宝利汽水厂、香港荳品公司（维他奶）及屈臣氏4间汽水厂联合将瓶装汽水价格从2角增至3角。茶楼酒馆因需向外购买淡水或雇佣工人往街喉轮水，也将食物加价。中型茶餐厅热饮每杯从4角加至5角。洗衣店无论干洗湿洗，加价1角，交货日期也需延迟一两天，某些洗衣店的加幅更大，如洗熨一套西服由原价4元5角加至6元。1963年全香港洗衣店约有1000家，宣布加价的洗衣店超过80%。理发服务方面，男女洗剪发全套加6角，儿童加4角，烫头发则加1元。一些未直接受制水影响的行业，也趁机涨价，如私营出租汽车（俗称“白牌车”）增幅竟高达60%。[1]

1982年以后，在中央和广东省政府的大力支持下，东深供水工程最终成为香港的主要水源，标志着香港地区的缺水问题基本得到解决。至今，香港已能够实行24小时供水。

三、供水发展助推香港经济发展

对于缺少稳定水源的香港来说，提供充足而稳定的供水，无疑是一项事关可持续发展的重大命题。政府为此给予了高度的关注，付出了极大的努力。总体而言，政府与社会各界对开拓稳定水源而做出的努力，可以大致划分为两个阶段。

（一）第一阶段（19世纪50年代至20世纪50年代）

这一时期，人口的增长和经济的发展一方面促进对水的需求不断增长，要求供水随之发展；另一方面，发展中的经济反过来又为供水水源的不断拓展提供了坚实的物质基础。

港督包令（John Bowring，1854—1859年在任）深知急增的人口将构成用水及粮食短缺的问题，因此，积极呼吁私人企业兴办水务，却一直未能吸引私人发展公司的关注。居民的粮食可依赖进口，但用水不能外求，开拓水源顿时成为发展香港经济的重要条件。

天然水资源匮乏，可开发的土地又有限，到底如何才能解决这个难题？在苦无良策的情况下，政府在1859年10月14日悬赏1000英镑，征求开发水源的方案，并准备拨款2.5万英镑作为香港第一个大规模水务计划的经费。[2]

1860年2月29日，英国人罗宁（Rawling，当时是皇家工程部的文员）建议于薄扶林谷地内兴建一个容量达13.6万立方米的储水库，储存雨水供

---

① 何佩然．点滴话当年——香港供水一百五十年［M］．香港：商务印书馆，2001：187.

② 同①17.

居民使用。薄扶林水塘的草拟计划，并未完全通过专责委员会，水塘堤坝的高度被削减，而水塘的容量也因而降至9092立方米，预算经费由原来的2.34万英镑削减为2.27万英镑。在1863年水塘建成后，实际支出只有2万英镑，2%的差饷[①]刚好可以抵消水塘的兴建费用。[②]

由于水塘的容量太小，不能舒缓居民的用水需求，政府被指节省极细微支出，相对于水塘大大减少的存水量，根本不值得。此后十年，薄扶林水塘进行了多项改扩建工程，其中1866—1871年就耗资22.327万港元。[③]

尽管薄扶林水塘计划可行，但又由于其容量较小，不能满足当时的人口和经济需要，政府立即着手兴建第二个水塘——大潭水塘。

大潭计划最初需要35万英镑，非当时香港的财政所能负担，后减至12.26万英镑，仍不能成事。大潭计划的支出，实际上已超出政府的负担能力。19世纪下半叶，政府财政紧绌，1844—1899年的55年间，出现财政赤字的年份竟有26年之多。[④]正是由于经济不景气，大潭水塘遭搁置，直至1882年才开始动工。最终大潭水塘扩大原计划的范围，投资达27.74万英镑。[⑤]

大潭水塘尚且花费如此巨资，香港对整个供水系统的投资由此可见一斑。可以说，没有发达经济作为后盾，如此浩大的供水系统无法实现。虽然如此，困扰香港百余年的缺水困境，还是人们克服困难、挑战环境，不断发展水务工程的最大动力。

（二）第二阶段（20世纪60年代至20世纪末）

东江水输入香港，香港开始拥有稳定的水源。源源不断的东江水，极大地促进了香港经济的快速发展，为经济腾飞注入了动力。

1. 20世纪60年代初，香港用水量增长迅速，缺水严重制约经济

1960—1961年度，全香港用水量1.11亿立方米，较前年增加22%。

---

① 香港对地税的说法。

② 何佩然. 点滴话当年——香港供水一百五十年. 香港：商务印书馆，2001：20.

③ 同②21.

④ 同②31.

⑤ 珠江水利委员会. 香港水管理与水供需发展［R］. 1997：31.

1961—1962年，全香港用水量1.37亿立方米，较上年度再增加23%。[①]

1962—1963年度上半年，全香港的用水量更有明显的增加，根据政府1962—1963年报报道，1962年4—9月，全香港共供水1100小时，总供水量为6024万立方米，平均每小时的用水量为5.5万立方米，与1961年同期总供水时间2100小时，总供水量7046万立方米，平均每小时用水量3.4万立方米相比，有63%的增幅。用水需求增长迅速，而限时供水根本阻碍不了用水量的大增，供水系统随时可能陷入难以为继的困境。1963年，当百年一遇的旱情来临时，缺水使各行各业减产、停产，甚至破产。

1963—1964年，香港经济停滞不前，用水量大幅度下降，从1961—1962年度1.36亿立方米下降到1963—1964年度的0.64亿立方米。

2. 20世纪60年代后期至90年代，供水量的增加与经济增长量的关系呈正比

旱灾过后，经济重建，1965年2月，东深供水工程胜利竣工，3月1日开始供水，最初供水量为每年6820万立方米，但由于经济发展迅猛，应香港要求，供水量逐年增加，到1976年供水量增至1.68亿立方米，1987年更达到6.2亿立方米。为此，东深供水工程进行了3次扩建。

随着用水量节节攀升，用水量从1964年的1.44亿立方米增加到1996年的9.28亿立方米，平均每年递增6.0%。与此同时，经济呈持续高速发展，20世纪60年代到90年代，生产总值平均每年以超过10%的速度快速增长，供水量的增加与经济增长量成正比关系。

在此期间，1981年2月，政府为配合东深供水扩建工程，实施了一项12年的扩建供水设施工程，以提高接收东江水的能力。整个工程包括兴建7个抽水站，铺设31千米长的输水管道。

随着东江水逆流而上翻山越岭，奔涌着一路流入香港的水塘、流入湖库，1982年5月在实施了最后一次限时供水后，实行了100多年的制水措施

① 何佩然. 点滴话当年——香港供水一百五十年［M］. 香港：商务印书馆，2001：182.

终于宣告结束，“制水”一词成为了历史！自此，24小时供水至今从不间断。香港岛、九龙、新界的千家万户、各行各业，从此用水无忧。

3. 持续而充足的东江供水是香港在20世纪60—90年代取得经济奇迹、各业繁荣的基础，对各领域产生了深远影响

香港工业主要是以轻纺工业为主的轻工业，包括制衣、电子、纺织、钟表、塑料、玩具、首饰、金属制品、家电、印刷业和食品加工业，是经济的重要支柱。

20世纪60年代后期到80年代前期，充足的供水提供了工业全面发展的空间。香港的工业高速发展，工业用水大量增加，东江为此提供了最重要而稳定的供水来源。

20世纪80年代后期，由于本地生产成本急剧上升和海外市场竞争加剧，适逢改革开放，招商引资搞活经济，吸引了众多香港商人将劳动密集型的工业，尤其是耗水量大且污染严重的工业，大规模转移到内地，特别是珠江三角洲地区。有的行业70%以上的工厂在珠江三角洲开办分厂，建立规模巨大的外发加工基地，而留港的制造业也加快了技术升级和工业转型。

20世纪90年代以后，制造业升级基本完成，传统的密集型产业趋于衰落，新兴的技术密集型产业快速成长。工业结构的改变导致工业用水量，从1990年的2.43亿立方米逐年减少到2000年的0.91亿立方米，占总用水量的比例则由27.8%降低至10%，至2010年又下降为0.57亿立方米，占总用水量的比例为6.1%。但工业用水在2010年以后基本稳定，占总用水量的比例在6.1%～6.3%之间徘徊。

充足稳定的供水作为最基本的社会基础设施，给经济环境、投资环境创造了很好的外部条件。在经济转型过程中，服务业蓬勃发展，并日趋多元化。第三产业逐渐成为主导产业，其产值占本地生产总值的80%以上。各类与贸易和旅游有关的服务业，社区、社会及个人服务业，金融及商用服务业（如银行、保险、地产及相关的各种专业服务）等迅速发展。

根据联合国贸易和发展会议《2015年世界投资报告》，2014年，中国香港外来直接投资流入资金1030亿美元，排名世界第二，约占本地产品出口总值的20%，外资的进入对金融经济起着重要的作用。此外，旅游业是香港最大的服务行业之一，由酒店、饮食、旅行代理商等组成，为赚取外汇的第二大行业，香港拥有100多家颇具规模的酒店，提供高效周全的服务。旅游客源丰富，2001年访港旅客人数高达1372.5万人次，旅游收入达642.8亿港元，占本地生产总值的5.1%，是五大经济支柱之一。

服务业用水量较多，由1990年的1.74亿立方米上升到2001年的2.42亿立方米，占总用水量的比例由19.9%上升至25.8%。至2014年仍保持较高用水量，达2.40亿立方米，占总用水量的25%，用水量基本保持稳定。

城镇居民生活用水是用水的重要组成部分，它包括食用、生活用水（淡水部分）和冲厕海水两部分。居民生活用水量主要随人口的多少及生活水平的高低而变化，并呈正相关关系。1990年居民生活淡水用水量为3.94亿立方米，2000年、2010年分别增长到5.21亿立方米、5.88亿立方米，占总用水量比例由45.1%上升至56.4%、62.8%。

可以看出，20世纪末，由于产业结构的变化，工业用水呈递减趋势，并逐渐趋向一个稳定的低值，工业生产总值占本地生产总值的比重也从1984年的24.3%下降到2014年的1.4%，并保持稳定。

服务业用水比20世纪90年代有了较大幅度的上涨，到2000年以后基本保持稳定，但服务业创造的产值占本地生产总值的比率一直上升，至2014年为91.8%。居民生活用水增长趋势则与人口增长趋势基本相符合。

4. 稳定供水保证香港优良的经济结构，供水效益显著

2003—2015年间，香港的淡水总用水量基本维持在9.2亿立方米至9.8亿立方米之间，保持比较平稳的状态。

根据库塘蓄水量的多少，东江供水量的变化范围在6.1亿立方米至8.2亿立方米之间，东江供水量占香港总用水量比重最大的是2011年，高达88.6%，时年天旱少雨，库塘蓄水量只有1.03亿立方米。其次是2004年，占

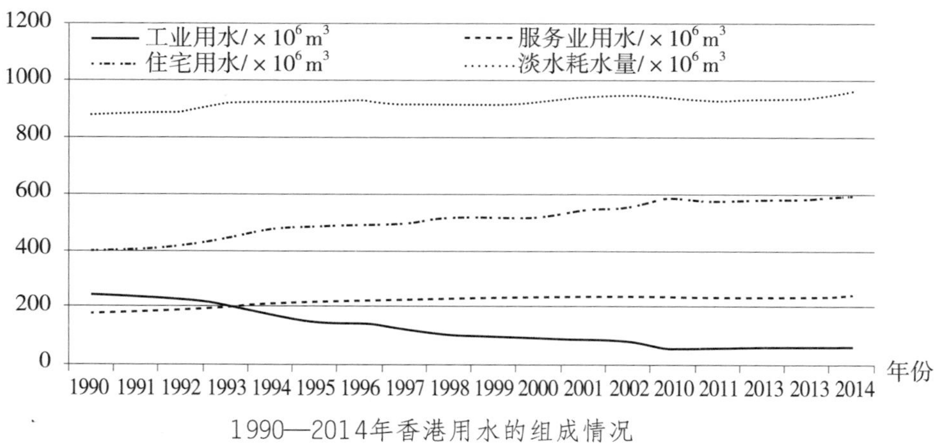

1990—2014年香港用水的组成情况

比达84.6%。

然而，这段时期香港经济并未受到天雨的影响，稳定安全的供水使生产总值仍以每年8.3%的速度增长。而且，供水量并没有大幅度增加，反映经济结构优良，供水效益显著。香港依然是世界上最具竞争力的地区之一，保持着世界领先水平。

第四节　香港供水发展的历史

一、早期的水资源开发（1840—1899年）

（一）第一个水塘的启用

自1860年起，香港开始大力兴建传统水塘作为供水水源。第一个传统水塘——薄扶林水塘的动工兴建，标志着香港供水进入新的阶段。

当时，香港岛人口已超过10万，且人口密集于维多利亚城（以下简称维城），使市区处于人口超负荷状态。1897年，位于香港岛西部北岸的维城，人口超过16万，占总人口的69%。人口的快速膨胀、经济贸易的兴起使需水量大幅度增加。为了配合经济的增长，政府于1860年7月10日正式通过法例，将供水服务这项重大的任务纳入公共事务之列。英国皇家工程部文员罗宁（S.B. Rawling）建议于薄扶林谷地兴建水塘，被港督罗便臣采纳，第一个公共供水工程——薄扶林水塘，得以建设。[①]

薄扶林水塘位于香港岛西部、太平山南面的山谷，水塘让收集到的雨水沿着倾斜的山路，自然流入人口密集的区域，供市民使用。工程于1860年动工，1863年7月，水塘及供水渠道建成，容量为9092立方米。这是香港第一次利用供水系统供水至市区，但毕打街以东的地区还不能供水。

扩建后的薄扶林水塘，容量达31万立方米，为初建时的34倍。当时水塘一带仍然非常荒凉（摄于20世纪10年代）

薄扶林水塘输水隧道入口，建于19世纪70年代，石刻精致，原貌保持完好，现仍在使用

虽然水塘的容量及输水量大大提高了，但每年的旱季，因为降雨量少，收集不到足够的雨水，因此旱季供水量并没有明显增加。薄扶林水塘供水量一直维持在1873年的水平。据英国工程师派斯（John M.Price）估计，1873年香港维多利亚城人口有9.5万，扣除不需依赖公共供水的船只及驻军3000人，政府实际上需向9.2万人提供食用水，按照每日需向每一市民提供最低食用水量0.026立方米计算，薄扶林水塘的供水量只能供给每人每日0.02立方米淡水，其余则由政府收集到的天然溪水或者地下水补足。

（二）大潭水塘建成供水

随着人口不断增加，用水量增长很快，供需矛盾问题日益突出。1872年政府开始规划建设大潭水塘，初步规划容量114万立方米，总投资达35

① 何佩然. 点滴话当年——香港供水一百五十年［M］. 香港：商务印书馆，2001：17-22.

万英镑，后因资金问题而搁置。1882年大潭计划又重新启动，并扩大了原来计划的范围。

大潭水塘位于香港岛南部，距海岸约2千米，在河谷出口处，集水区面积275万立方米。工程于1883年动工，1889年建成，历时五年多。水塘的容量、滤水系统、输水管及引水道后经多次改良，储水量达176万立方米。1890年，配套建成香港第一座滤水厂——宾尼滤水厂，香港也首次开始供应经过过滤的自来水。①

大潭水塘水坝（摄于1907年）

大潭水塘1889年开始供水，供水范围为中环、下环、环海（即今日的中区）、湾仔、铜锣湾、北角、筲箕湾一带。

（三）黄泥涌水塘的建设

黄泥涌水塘位于香港岛正中部，聂高信山和渣甸山之间。始建于1896年，1899年完工，集水区主要分布在小香港谷地的东部，面积约40万平方米，容量12万立方米。②

根据1889—1900年政府公布的有关全香港供水量统计数据，薄扶林供水系统与大潭水塘供水系统的供水量，约占全香港耗水量的4/5，其余

---

① 何佩然. 点滴话当年——香港供水一百五十年［M］. 香港：商务印书馆，2001：23-28.

② 同①29.

建于1899年的黄泥涌水塘，1982年停用并改为公众划艇公园（摄于20世纪90年代）

靠地下水及溪水补足。1896年，时任工务局长的谷巴曾将两大供水系统在1892—1896年所提供的总供水量，按同期全香港人口的数量，向居民供应每人每日0.055～0.077立方米的用水，比六七十年代的0.025立方米多了一倍多。

然而，受地形地质条件限制，连贯薄扶林供水系统与大潭水塘供水系统的工程相对滞后，薄扶林供水系统容量有限，大潭水塘容量虽大却不能大量供水于港岛西区，当时，两大供水系统并没有很好地解决香港岛的用水问题。

（四）九龙半岛早期地下水的利用

19世纪末，九龙半岛逐渐开始都市化建设。1891年半岛界限街以南只有9平方千米，人口约为2.3万人，由于地域狭窄，地势偏低，并没有合适的地形兴建水塘。用水水源主要来自溪涧水和地下水。1892—1895年期间，政府在河溪的出口处，兴建地下水闸，拦截河谷沿岸的溪涧水和地下水，在油麻地以北、旺角咀一带，兴建抽水机及铺设管道，将汇集到的地下水统一分配至各区域，每天可抽取地下水约1818立方米，每年利用地下水资源约0.182万立方米。自1895年供水开始，半岛地下水供水系统一直维持使用到1926年，至九龙水塘及扩建工程完成后，才关闭停用。[①]

综上所述，1840—1899年间，在人口急剧膨胀、用水短缺的情况下，政府排除困难，大力支持水务工程，修建了第一个水塘，建立了一套崭新的自来水供应系统，首创独立水表装置并制定征收水费的标准，这些开拓和创新为香港未来的供水系统发展奠定了良好的基础。

19世纪末，由于水塘库容总量不足、布局不均，缺水问题、水的清洁问题等成为经济和社会发展的阻碍。1894—1896年爆发瘟疫，波及全香港，造成数千人死亡，这与当时生活环境恶劣、水源不清洁、供水范围受限、供水量不足有着直接的关系。瘟疫过后，政府和居民都开始意识到清洁的水源和足够供水量对环境以及个人卫生的重要性。

二、20世纪前期的供水系统“制度化”（1900—1945年）

供水系统一般是指在将收集到的淡水加工成自来水供应给用户的过程中，有关收集、处理、输送、分配的工程及其配套体系。

（一）供水系统的建立

收集了足够的淡水后，如何将其分配给居民，输送到用水的终端，并不是一件容易的事情。最早的供水系统在香港岛建立，主要依靠薄扶林水塘和大潭水塘集中供水。

水源来自薄扶林水塘和大潭水塘，将水塘水顺着山势由高往低依次引流至储水池、配水库、滤水池（滤水系统），再经输水管（渠）分流至西环、上环、中环、下环、环海（即今日的中区）、湾仔、铜锣湾、北角、筲箕湾一带的街道设置的公共水龙头（俗称街喉），在指定的时间内向市民提供淡水，市民需在安装有街喉的地点排队轮候取水，供水系统的雏形基本形成。

---

① 何佩然. 点滴话当年——香港供水一百五十年［M］. 香港：商务印书馆，2001：57-59.

这种供水方式实施以后，确立了香港的供水模式。

由于水塘的蓄水完全依赖降雨，而且容量有限，因此街喉的供水时间及供水量，跟水塘的蓄水量多少有密切的关系。当旱季水塘蓄水量不足时，供水时间会缩短，供水量会减少；而在雨季，水塘蓄水量充足时，则相应增加供水时长和供水量。

（二）供水系统的扩张

1898年，九龙半岛界限街以北地区（又称新界）被纳入香港地区版图。随着地域扩大和人口不断剧增，经济社会和城市化发展加速。由于新界面积988平方千米，有大埔、沙田、粉岭、笔架山、大屿山等有利地形兴建水塘，故1900年后为了解决急剧增长的用水需求，政府开始了大规模建设大型水塘的历程。

1900—1939年间，政府水务经费大增，从1901年的72 184港元增至1939年的1 578 885港元，增加了21.9倍。[①]水务经费主要用于兴建大型水塘和扩展供水网络。

这期间兴建的大型工程主要有大潭供水系统扩建工程、九龙水塘工程、香港仔水塘扩建工程和沙田城门水塘工程（包括越海引水——底输水管工程）。

1. 大潭供水系统扩建工程

大潭水塘扩建工程主要包括大潭副水塘、大潭中水塘、大潭笃水塘以及抽水站和加设抽水机的建设。1903年10月17日，工务局局长漆咸（Chatham）正式向立法局提交大潭扩建计划草案。1904年第一期扩建工程展开，于1908年完成，历时四年。建成的大潭副水塘和大潭中水塘，容量分别为10万立方米和89万立方米。

第一期扩建工程完成后，1910年全港各水塘的总存量增至340万立方米，加上77万立方米来自全香港各大溪流的水，全年可用的淡水资源有

① 何佩然. 点滴话当年——香港供水一百五十年［M］. 香港：商务印书馆，2001：68-69.

417万立方米。按当时香港岛24万人口，每人需水0.093立方米计算，香港岛每天需提供用水2.2万立方米，全年用水量为816万立方米，因此，香港岛的供水仍严重短缺。

于是政府于1912年接着开展第二期扩建工程——大潭笃水塘，扩建工程包括大潭笃水塘、大潭笃抽水站及抽水机、4条直径18英寸的输水管的建设。工程于1917年建成，建成后的大潭笃水塘容量达646万立方米，加上第一期扩建工程，总容量约741万立方米，以人均每日用水0.091立方米计算，足够满足约30万人口271天的用水量。[①]

2．九龙水塘工程

1898年英国租借新界后，工务局派出助理工程师杰斯（L.Gibbs）勘探九龙半岛地形，寻找适合兴建水塘的谷地，发展九龙供水系统，以满足半岛居民用水需求。九龙水塘群位于笔架山以西、针山以南的谷地，集水区有177万平方米，工程包括在河谷中央兴建土坝，三个每天可过滤4073立

大潭笃水塘的巨型水坝，横跨整个大潭谷口（摄于20世纪90年代）

大潭笃水塘风景秀丽，水坝气势雄伟，坝上可行车（摄于20世纪90年代）

① 何佩然．点滴话当年——香港供水一百五十年［M］．香港：商务印书馆，2001：70-75.

方米用水的过滤池及配水库，以及一条从水塘直达九龙油麻地抽水站的直径30.48厘米的引水管。

九龙水塘群工程于1902年动工，1906年建成，储水量为159万立方米。第二期扩建工程于1922年开展，1923年建成石梨贝水塘，1926年建成九龙接收水塘，1931年建成九龙副水塘。扩建后的集水区面积增加到306万平方米，总储水量达到443万立方米。九龙水塘供水系统，于1926年取代地下水供水系统。①

九龙接收水塘，建成于1926年，又名九龙新水塘，用作接收城门水塘的来水，再送往石梨贝滤水厂过滤（摄于1926年12月）

3. 香港仔水塘扩建工程

大潭水塘的扩建工程完成后，大大缓解了香港岛东区及中区的用水供应，但却未能完全解决西环及上环一带的用水短缺问题，直到1929年，该区的居民仍主要依靠薄扶林供水系统获得淡水。由于香港岛地势崎岖，要

① 何佩然. 点滴话当年——香港供水一百五十年［M］. 香港：商务印书馆，2001：76.

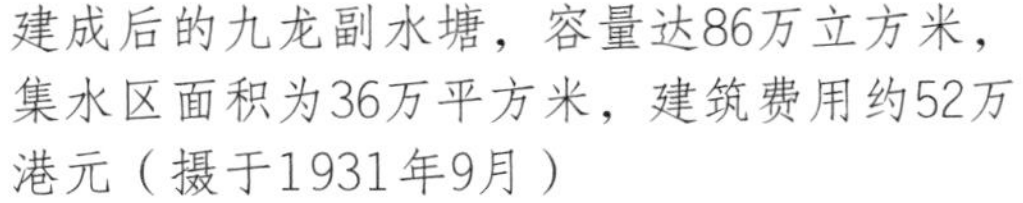

建成后的九龙副水塘，容量达86万立方米，集水区面积为36万平方米，建筑费用约52万港元（摄于1931年9月）

九龙水塘及九龙副水塘空中掠影（摄于20世纪80年代）

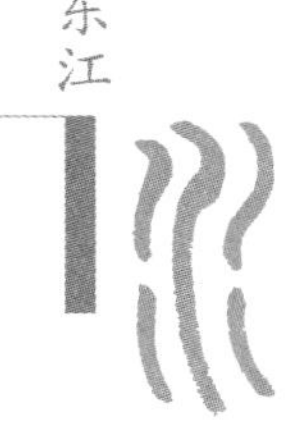

广设水管引大潭水至西区，未必较在西部另觅水资源建设供水系统划算，权衡利弊，政府遂决定将港岛香港仔地区的私人水塘改建成香港仔水塘。

在19世纪后半叶，由私人企业兴建的水塘有四个，总容量103万立方米，其中香港仔水塘于1890年兴建，位于香港仔大成纸厂，容量为22万立方米。1929年5月2日香港仔水塘扩建计划获得批准实施。政府开始征收该水塘并动工扩建，扩建工程于1931年完成，建成后的水塘分两层，上塘储水量为80万立方米，下塘为原有水塘，集水区面积广达408万平方米，容量增至41万立方米。香港仔水塘接驳薄扶林供水网络后，缓解了香港岛西区用水紧张。1939年薄扶林供水网络进一步扩张，供水延伸至鸭脷洲一带的偏远地区。①

4. 沙田城门水塘工程的建设

沙田城门水塘（又称银禧水塘）和下城门水塘，位于荃湾、葵涌与沙田之间，各山脉环抱的中心低陷处的沙田城门河谷深处。在山谷出口处建筑巨型水坝截流，并引周围山脉溪流入河谷。该系统工程浩大，兴建计划

① 何佩然. 点滴话当年——香港供水一百五十年［M］. 香港：商务印书馆，2001：77.

城门水塘水坝（摄于20世纪90年代）

蜿蜒南流的引水道，除将城门水塘的水供应九龙半岛居民使用外，每天还可通过海底输水管，输送1.6万～2万立方米/天用水往香港岛中区，纾缓香港岛用水不足。这一引水道，在20世纪30年代为中区供水的命脉（摄于1926年1月）

始于1923年，分三期工程，历时16年，至1939年第三条海底输水管建成后才宣告完工。全期耗资950多万港元，建成后总储水量达1364万立方米。为庆祝英皇银禧，城门水塘于1935年易名为银禧水塘。

城门（银禧）水塘供水系统通过九龙接收水塘连接九龙供水系统，通过三条跨海输水管道连接港岛大潭供水系统，由城门水塘经海底输水管输往港岛中区的淡水达1.6万～2万立方米/天。三大供水系统互相连接，供水效率显著提高。供水范围扩张到新界一带偏远地区，带动了新界的都市化发展。九龙、香港岛供水量的增加，不仅缓解了用水不足的压力，而且使九龙、香港岛的都市化发展步伐大大加快。①

（三）供水系统制度化

19世纪末期的瘟疫，使政府认识到发展供水系统的重要性。20世纪上半叶，香港人口增长迅速，当局除了投入巨资大兴水塘工程和供水网络工程外，还积极开展供水系统制度化改革，引入现代管理概念和先进技术，

① 何佩然. 点滴话当年——香港供水一百五十年［M］. 香港：商务印书馆，2001：88-95.

完善供水配套系统及供水管理系统，使供水设施得到充分高效的利用，最大程度保障供水水量和清洁水源，建立了一套以“统一供水、用者自付、开源节流”为原则的注重效率的供水服务体系。

第一，成立专责水务监督部门（Water Authority）执行税务工作，税务不再由工务局监管。1902年、1903年新增法例，规定了水务部门服务范围及职权。其主要职责是策划有关水资源事宜，设计、建设供水系统及负责有关系统的维护保养及运作。

第二，制定新统计方法，统筹全香港各大水塘的存水量及居民全年的用水量。以每年5月至翌年4月作为水务年度，在雨季来临前，根据水塘存水量，做好供水量分配计划。

第三，建立用水收费制度。在每户设置独立水表，按用水量收费。用水价格最初为每4.55立方米2.5角，后增至5角。

第四，关闭全香港市区水井，以确保市民饮用水水源清洁。

第五，增加公共水龙头（俗称街喉）供水。[①]

1901—1939年间各水塘供水量逐年增长，增长高峰期集中在20世纪30年代，1939年增幅达到最高，有5.9倍的增长。用水供应赶不上急剧增长人口的需要，加上水塘储水受气候变化的影响，一遇天旱，大型水塘便无水可存。

1928—1929年，香港经历了严重的水荒，导致工商业萧条，大量居民回流内地。1929年的严重水荒，使政府认识到完全依赖降雨供水的弊端，但除此之外也无更好的、一劳永逸的办法，因此，大量兴建储水塘仍然是政府应对缺水的唯一措施。

---

① 何佩然. 点滴话当年——香港供水一百五十年［M］. 香港：商务印书馆，2001：108-109.

三、20世纪后期的稳定食用水供应（1946—2000年）

1945年8月，日本战败投降。第二次世界大战后，香港百废待兴，人力资源缺乏，而大量内地人口和资金涌入，使香港面临新的发展机遇。

在各方支持下，香港再一次掀起了水塘建设的高潮。20世纪50年代，新建了大榄涌水塘供水系统和石壁水塘供水系统，供水范围扩张到新界、大屿山等离岛偏远地区。

此外，解决以往仅仅依靠收集雨水作为唯一供水途径的问题，对供水模式进行了大胆创新。20世纪60年代以后，除了兴建了两个大型海湾水库外，还大力开发利用海水，建设独立海水冲厕系统和推进海水化淡计划；积极拓展境外水源，与广东省洽谈建设东深供水工程，从东江流域跨境调水。东江引水量逐年增加，到20世纪末已成为供水系统的主要水源。

（一）第二次世界大战后供水系统的扩大

第二次世界大战结束后，面临急剧增长的人口及投资机会，香港只有继续通过扩大水塘供水系统及提出其他创新思路来解决供水不足的难题。

1. 大榄涌水塘供水工程系统的建设

大榄涌水塘位于新界西南屯门与荃湾之间，是第二次世界大战后兴建的第一个水塘。此水塘的筹建计划其实早在1939年已开展，后因战争爆发而被迫中断，直到1947年才重新启动。

大榄涌水塘1951年8月动工兴建，由一条横跨大榄涌河谷的主坝、三条跨越附近较小河谷的副坝、长37千米的引水道、配合水塘供水的荃湾滤水厂，以及荔枝角、马头围、钻石山、牛头角等配水库组成，集水区面积达8.1平方千米。水塘于1957年初步建成，容积达2046万立方米。大榄涌水塘供水系统输水管网遍布九龙半岛以及香港岛花园道，可连接全港供水网络，1959年12月全部完工。

1957—1958年，大榄涌水塘年供水量达2569万立方米，平均每日供水量为7万立方米。1964年，供水量增至每日18万立方米。

大榄涌水塘（摄于20世纪90年代）

1959年，大榄涌水塘供水系统建设全部完工后，全香港的存水量提升到4546万立方米，平均每人每日供水量约0.04立方米，但依然仅能满足基本的生活需要，政府需继续建设新的水塘。[①]

2. 石壁水塘供水系统的建设

20世纪50年代，急剧增长的人口及迅速发展的工商业，坚定了政府开发远郊离岛水资源的决心，以分散市区密集的人口并推动工商业向偏远地区发展。

在石壁水塘未建成以前，离岛居民食用水主要依靠水井，图为长洲居民于乡村水井取水（摄于20世纪20年代）

石壁水塘位于大屿山西南部、大龙湾以北的山谷石碧乡，工程于1956年展开，1963年建成，历时七年。工程项

① 何佩然. 点滴话当年——香港供水一百五十年［M］. 香港：商务印书馆，2001：151-154.

目包括主坝、海底输水管、贝澳泵房、银矿湾滤水厂、摩星岭配水库及坚尼地城配水库的建设，动用资金达2.5亿港元。水塘集雨区的范围广泛，配合水塘而建的引水道，东至散石湾，南至水口，起经长沙、塘福至贝澳，西至大澳、羗山一带，北达东涌。

石壁水塘供水系统于1964年11月建成启用，容量为2507万立方米。该供水系统具有发达的海底输水管网系统，连接香港岛供水系统，其主要功能之一就是为香港岛供水。1966年之后，水塘进一步完善，成为离岛主要供水站。20世纪70年代初期，离岛主要的供水网络基本完成，石壁水塘逐步取代地下水，为离岛居民提供饮水。①（香港供水网络建立及扩充年份详见表2-7）

石壁水塘（摄于20世纪90年代）

3. 海水冲厕系统的建设

为了节约淡水，政府致力于发展海水冲厕系统。1957年，水务署建议在九龙新发展地区，如石硖尾、李郑屋邨等人口稠密的移民安置区，投资50万港元，建立海水冲厕系统。1959年底，海水冲厕系统继续扩展至香

① 何佩然. 点滴话当年——香港供水一百五十年［M］. 香港：商务印书馆，2001：154-158.

港岛西区。同年，政府正式修改建筑物条例第19条，规定新落成的私人楼宇必须设有冲水式排污系统，包括抽水系统、排污渠、抽水马桶及其他装置，该条例1960年1月1日通过，1960年3月1日起生效。

20世纪60年代中期以后，海水冲厕系统扩展至整个九龙地区和香港岛西区，节约了大量的淡水，卫生条件大为改善。因此，海水冲厕系统于1965年1月1日正式通过新法例予以确立实行。

（二）供水海湾水库的建设与海水化淡利用

尽管已经拥有系列水塘的庞大容量，但其供应量仍然不足以满足不断增长的用水需求。根据官方统计资料，1961年全香港人口为313万人，按每人每日用水0.091立方米计算，全年需水量约为10456万立方米，而当时各大水塘的总容量为4773万立方米，即使全部蓄满也不能满足居民半年所需。1959年，政府为配合需水不断增长和克服陆域缺乏合适库址的困难，开始将目标转向海上。

1. 船湾淡水湖的建设

政府利用新界大埔船湾一带半月形的海湾，于大尾笃半岛兴建了一座长约2千米的水坝。大坝横跨海峡，连接大埔海岸对开半岛白沙头洲，改变原来的海岸线，形成长约5.63千米、宽约1.61千米、面积达11.95平方千米的海滨之湖，再将湖内海水抽干，引入淡水储存。

1960年11月，船湾淡水湖动工兴建，整个供水系统的输水隧道和水管网络相当精密，安装现代化的控制系统设备，使庞大容量能发挥最高用途。

船湾淡水湖于1968年12月正式启用，湖水容量为1.7亿立方米。1973年第二期扩建工程，堤坝加高完成，其容量增加至2.35亿立方米，几乎相当于整个香港陆域开发水资源量的3倍。1968—1969年间平均每日供水量约18万立方米，20世纪70年代增至91万立方米。①

① 何佩然. 点滴话当年——香港供水一百五十年［M］. 香港：商务印书馆，2001：159-165.

船湾淡水湖空中掠影（摄于20世纪90年代）

2. 万宜水库的建设

船湾淡水湖的容量虽然庞大，但仍不能满足日益增长的需水量。1963—1964年，香港遭遇严重干旱后，政府决定再建设一个更大的海湾水库——万宜水库。

万宜水库位于西贡半岛南岸与粮船湾洲的狭窄海道之中，工程主要是将海道东西端的官门海峡，加建两道堤坝，然后再将海水抽出，注入淡水，使之成淡水湖。

1971年水库正式动工，输水网络包括多条直径25.4～33厘米、长约40.2千米的输水隧道。主线隧道长22.5千米，由万宜水库北潭涌起，横跨整个西贡半岛，经西贡大环至沙田滤水厂。此外，北潭坳隧道、西湾隧道等六条支线隧道，主要收集低地河流溪涧的水。输水隧道的建设于1975年全部完成。

1978年11月，万宜水库正式启用，容量达2.74亿立方米，加上船湾淡水湖，两个海湾水库总容量达5.09亿立方米，占香港整个塘库总蓄水量的86.5%。万宜水库和船湾淡水湖配套建设了布局细密的输水网络和现代化的控制系统，使两大湖库水量相互补充，可以非常灵活地进行全香港淡水

万宜水库由英国宾尼工程公司出任顾问，意大利维亚利尼公司为总承建商，1978年建成。图为万宜水库东坝空中掠影（摄于20世纪90年代）

万宜水库东坝防护堤（摄于2000年）

资源的调度配置。[①]

3. 新水源——海水的淡化利用

为了缓和淡水长期供水紧张的局面，香港开始探寻新的供水途径。

1971年兴建了一个实验性的海水化淡厂。翌年又投资4.8亿港元动工兴建乐安排海水化淡厂，位于新界青山，于1978年10月最终建成。日产淡水量为18.18万立方米，年产量超过6643万立方米，相当于香港地区48天的

① 何佩然. 点滴话当年——香港供水一百五十年［M］. 香港：商务印书馆，2001：165-167.

沙田滤水厂扩建后，过滤能力达每天123万立方米，为香港最大滤水厂。图为沙田滤水厂（摄于2000年）

用水需求量。

随着本地水源的不断拓展和东深供水工程对香港供水量的大幅度增加，乐安排化淡厂自1982年起停止生产。1991年化淡厂拆卸完毕，其设施拍卖给私商。①

（三）稳定、有保障的淡水供应系统——东深供水工程

1960年深圳水库建成以后，在中央和广东省政府的大力支持下，政府多次与广东省达成协议，同意通过深圳水库向香港供水。同年11月15日，政府与广东省签订第一份供水协议，每年由深圳水库向香港供水2270万立方米。

东江流域中上游建成容量达139亿立方米的新丰江水库后，香港有人建议购买东江水来解决用水不足问题。

1963年，在中央政府的着力推进下，广东省和香港代表进一步达成共

① 何佩然. 点滴话当年——香港供水一百五十年［M］. 香港：商务印书馆，2001：202-206.

识，兴建东深供水工程，在东江水经过一系列拦河闸坝、抽水站后，经石马河将其注入深圳水库，再由深圳水库接驳输水管将水注入香港大榄涌水塘，并按照1960年的协议供水量供水。

翌年4月22日，双方签订第二份协议，广东省同意自1965年3月起，每年向香港供水6820万立方米，每天最高供水量可提高至28万立方米。

1964年2月20日，东深供水工程正式动工兴建，12月15日顺利竣工。

1965年3月1日，深圳开始对香港供水站供水。东江水翻山越岭从东江抽水站抽取后，以泵送方式越过东江支流石马河上83千米长的8级提水堤坝，排入深圳水库，然后再经输水管分别输送到香港的木湖，再经木湖抽水站，到达大榄涌水塘。根据协议，深圳每年向香港供水6820万立方米，供水量占当时香港全年用水量的1/3。

1978年双方又达成协议，将供水量由1979年的1.45亿立方米逐步增至1982年的1.82亿立方米。

1979年双方通过进一步磋商，并于1980年5月签订附加协议，根据该协议，在1982年后进一步递增对香港的供水量。该协议于1981年10月和1982年两次作了修订，最终达成共识，1982年向香港供水2.2亿立方米，以后每年可增加供水量，直至1994—1995年度前，达到每年6.2亿立方米。

1987年签订第四份协议，对香港供水量增加到每年6.6亿立方米。

1989年又签订第五份协议，对香港供水量最高每年可达到11亿立方米。

随着双方不断增加的协议供水量，东深供水工程先后于1974年、1979年、1989年开展了三期扩建工程。第三期扩建工程是大型梯级跨流域调水工程，维持第二期工程的水位不变，扩建东江、司马、马滩、竹塘、沙岭等抽水站及新建塘厦抽水站，将供水量增至17.43亿立方米，最大提水能力约每秒69立方米，其中11亿立方米原水分配给香港使用。

从1965年3月至1997年3月，东深供水工程在32年间累计向香港供水95.12亿立方米，为香港的经济繁荣与社会稳定做出了重要的贡献。1985年以后，香港居民饮用水的50%以上来自于东深供水工程。1997年，东深供水量已占全香港淡水用量的75%以上，成为最主要的供水水源。[1]

四、21世纪以来优质可靠的供水网络

（一）优质高效的供水网络的建成

21世纪以来，香港已逐渐建成一套完善的具备现代化水平的供水系统。监控及资料收集系统，可以有效地对供水情况进行即时监察及控制，并根据不同的实际需求进行调度分配，使整个供水系统更加安全、高效、快捷。

覆盖全香港的淡水供水网络，由2个在海域中兴建的水塘、15个传统的水塘、21座滤水厂、154个抽水站、174个配水库、约6922千米长的水管、120千米长的引水道和199千米长的输水隧道组成。其中，主要的储水库有大榄涌水塘、船湾淡水湖和万宜水库，主要的滤水厂有沙田、北港、凹头、屯门及荃湾滤水厂，主要的抽水站有木湖、大埔、沙田及大美笃抽水站。[2]

在此系统中，通过东深供水工程输送到香港的东江水，成为香港淡水来源的最可靠保证。

东深供水到达木湖后，沿三个供水管道输送到水塘及滤水设施：一是沿西面路线经凹头抽水站输往大榄涌水塘；二是沿中央路线经大埔头抽水站，再经船湾第一阶段及第二阶段输水管，分别输往沙田滤水厂和船湾淡水湖；三是沿东面路线经梧桐河抽水站及南涌供水管道输往船湾淡水湖，再经白沙头洲抽水站、赤门海峡供水管道及万宜水库输水隧道输往万宜水库或北港滤水厂。

东江水经由各滤水厂、抽水站、配水库和相互关联的输水管网进一步分配。输水管将东江水引入本地水塘，或直接引入到各级滤水厂，经处理

① 珠江水利委员会．香港水管理与水供需发展［R］．1997：25-26.

② 珠江水利委员会．港澳地区的水供给保障策略研究［R］．2008：22.

后，利用抽水机或通过输水管将水送到不同地点、不同高度的配水库，再供应给用户。由于香港地区人多地狭、高楼林立，通常用水须先经配水库后再供应到各个楼层的用户。配水库依据不同地区的高程以及用水需求，按照优化配置的原则布设，与抽水站、输水管道一起形成完整的供水网络，并在必要时可以相互调配。

如今，东深供水工程供水量已经占了香港总耗水量的70%以上。2011年，内地实施最严格水资源管理制度，实行用水总量控制、用水效率控制和限制纳污制度。2013年，水利部批复了东江水量分配方案，根据该方案，香港享有东江水11亿立方米的水权，即使在极端恶劣旱情下水量也能得到优先保障。该方案使得香港可以抵御百年一遇的重大旱情。

此外，作为淡水用水的配套补充，香港还建立了颇为完善的独立海水冲厕系统。独立的海水冲厕系统由海水抽水站、海水配水库和特制的自来水管网组成。2015年，全香港共有35座海水抽水站、54座海水配水库、1762千米海水水管，主要分布于港岛北部、西部、南九龙、荃湾、屯门、沙田、青衣岛等地，覆盖香港约80%的地区。主要海水抽水站有长沙湾、荃湾、大环和茶果岭，主要海水配水库有屯门北、下老围、大窝抨和钻石山。

海水冲厕系统节约了大量的淡水，2015年海水用水量2.74亿立方米，约占香港总耗水量的22%。香港的海水利用，为沿海缺水城市树立了良好的典范。

（二）东深供水工程由封闭式管道输送优质淡水

东江中下游流经河源、惠州、东莞、深圳，东江水也是沿线城市的主要水源，是沿江两岸和香港的“经济水”和“生命水”。

东江水质的好坏、水量的丰枯关乎沿线众多重要城市以及香港地区的用水安全和社会稳定。

20世纪90年代以来，东江中下游社会经济发展迅猛，流域内工业生活废污水排放量大增。据不完全统计，1990年东江流域工业与城镇生活废污水排放量达3.5亿吨/年，到2009年排放量达到了18.57亿吨/年，造成干支流局部河段不同程度受到污染，东深供水工程输水沿线石马河污染也日益严重，东深供水水质面临着很高的污染风险。在此背景下，流域内各级政府高度重视东江水资源的保护。1991年以来，国家和地方颁布了几十部有关东江水资源保护的法规及文件，成立了各级水资源保护监察、监管、监测机构，以加强东江沿线及东深供水工程水质监管、水量调度管理和安全监控，建立了内地、香港双向沟通协作和保障东江水量、水质的机制，实现了从面到线，再到点的全系统、全过程、全方位的水资源管理与保护。

为了确保输港东江水质的安全可靠，2000年8月至2003年6月，东深供水工程在三期扩建基础上，进行了第四期改造，建设了一条从桥头直达深圳水库、全长51.7千米的封闭管道，替代了原来的输水河道石马河，避免了沿途污水进入输水线路，实现了“清污分流”，有效保证了供水水质不受输水沿线污染。同时，为了有效预防和控制水污染，广东省还划定了2800平方千米的水源保护区，充分保障了东江供港水的水质。

时至今日，东江水无可替代已成为维系香港供水安全，保障社会稳定和经济繁荣的重要命脉。

表2-5　香港境内的水塘工程建设情况

名称	容量/×10^4 m^3	兴建或竣工时间	备注
薄扶林水塘	0.91	1863年	
薄扶林水塘扩建	30.9	1871年	
大潭水塘	141.8	1889年	
黄泥涌水塘	12.3	1899年	与大潭水塘北面相连
大潭副水塘	10.2	1904年	
大潭中水塘	89.1	1908年	
香港仔上塘、下塘	120.9	1890—1932年	
九龙水塘	160.2	1910年	
大潭笃水塘	645.4	1917年	
石梨贝水塘	52.7	1923年	

（续表）

名称	容量/×10^4m^3	兴建或竣工时间	备注
九龙接收水塘	150.7	1926年	
九龙副水塘	84.1	1931年	
城门（银禧）水塘	1363.5	1923—1937年	为庆祝英皇银禧，1935年易名为银禧水塘
大榄涌水塘	2045.3	1959年	
石壁水塘	2506.6	1963年	
下城门水塘	431.8	1965年	
船湾淡水湖	22 972.9	1968—1973年	
万宜水库	27 360.9	1978年	
乐安排海水化淡厂	$6.64 \times 10^7 m^3/y$	1972—1978年	1982年因成本高停产

表2–6 香港境内的水塘现状概览

属地	水塘名称	开始供水	水塘容量/×10^4m^3	备注
香港岛	小计	—	993.1	—
	薄扶林	1877年	23.1	1988年降低容量$3.0 \times 10^4m^3$
	大潭	1889年	149.0	—
	黄泥涌	1899年	13.8	1982年由市政总署作康乐用途
	大潭副水塘	1904年	8.0	1978年降低容量$2.2 \times 10^4m^3$后
	大潭中水塘	1907年	68.6	1977年降低容量$2.2 \times 10^5m^3$后
	大潭笃	1917年	604.7	1982年降低容量$1.72 \times 10^5m^3$后
	香港仔（两塘）	1931年	125.9	—
九龙	小计	—	55 178.9	—
	九龙塘水塘	1910年	157.8	—
	石梨贝	1925年	36.9	1990年降低容量$8.9 \times 10^4m^3$后

（续表）

属地	水塘名称	开始供水	水塘容量 $/\times 10^4 m^3$	备注
九龙	九龙旧水塘	1926年	12.1	1979年降低容量 $3.0\times 10^4 m^3$后
	九龙副水塘	1931年	80.0	1980年降低容量 $4.3\times 10^4 m^3$后
	城门（银禧）	1936年	1327.9	—
	大榄涌	1957年	2049.0	—
	下城门	1965年	429.9	—
	船湾淡水湖	1968年	22 972.9	—
	万宜水库	1978年	28 112.4	—
大屿山	石壁水塘	1963年	2446.2	—
香港全境	合计	—	58 618.2	—

表2–7　香港各地区供水网络建立及扩充年份（1946—1977年）

年份	地区
1946—1947	山顶区、钻石山、红磡
1947—1948	香港岛东区、九龙城、观塘、荃湾
1949—1950	香港岛南区、旺角区
1950—1951	粉岭
1951—1952	九龙塘、元朗、何文田、石澳、牛头角、香港岛湾仔区、香港岛中西区
1953—1954	黄大仙、石硖尾
1954—1955	沙田、西贡、沙头角、长洲
1955—1956	油麻地、吉澳、坪洲、青山医院
1957—1958	大环、汀九、大澳、大窝坪、上水石湖墟
1958—1959	苏屋村、尖沙咀
1960—1961	深水埗、油塘、长沙湾、荔枝角
1962—1963	塔门、高流湾
1963—1964	佐敦道、彩虹、蓝田、葵青
1964–1965	深水埗区、秀茂坪、左敦谷、葵涌、荃湾、喜灵洲
1969—1970	彩虹
1970—1971	长沙湾

（续表）

年份	地区
1972—1973	屯门
1975—1976	大埔工业区、沙田新市镇

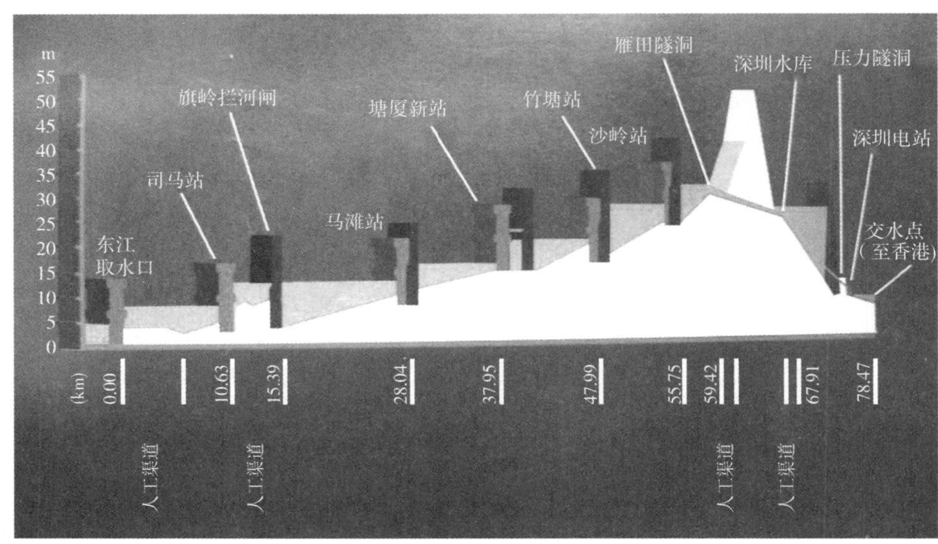

东江—深圳供水工程纵剖面示意图

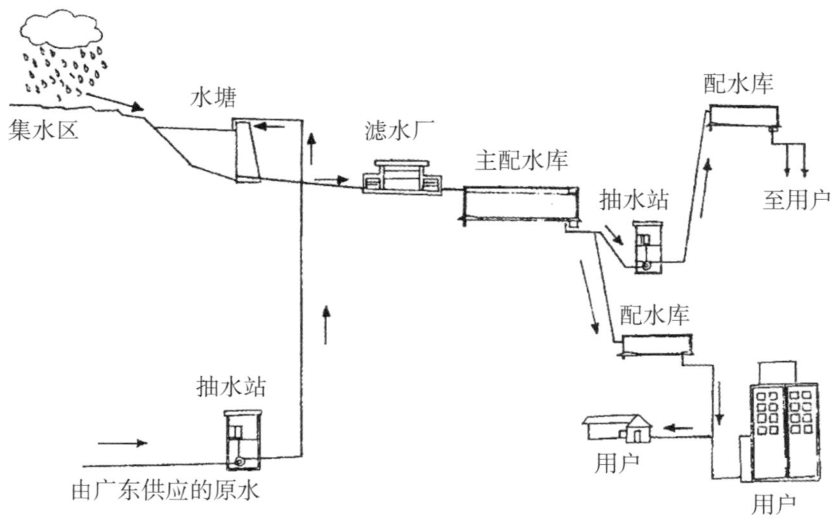

香港淡水供水系统概况

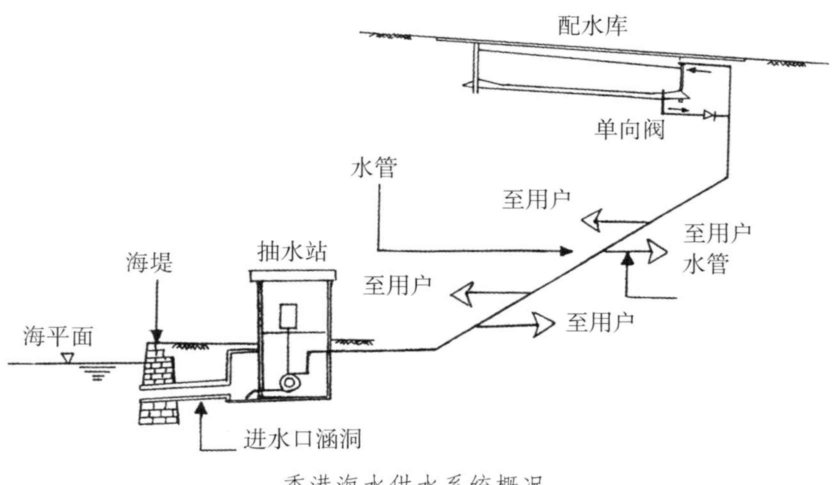

香港海水供水系统概况

结　　语

水是生活之本，是生产之要。香港的水与经济发展博弈还将继续，随着人口的增加，经济的繁荣，社会的进步，东江水成为香港保持长期稳定、繁荣发展的基石。有了东江水，香港就没有了后顾之忧。

水泽而富饶，水匮则贫瘠。自古以来，人们逐水而居，垦殖桑田，修筑城池，有水的地方就是鱼米之乡，有水的地方就是天府之国。

东江清水滋润香江，青山翠绿，湖光涟漪，高楼大厦，流光溢彩。现今香港，是一个经济发达的繁华都市，一个人杰地灵的和谐家园。

第三章 东江—深圳供水工程的建设

中央政府对香港同胞食用水困难问题十分关注，一直采取积极措施帮助解决。

第一节 深圳水库的建设与功能

深圳水库有一个别名叫东湖，是“深圳五湖”之首。“深圳五湖”即东湖、银湖、香蜜湖、西丽湖和石岩湖，原名分别为深圳水库、笔架山水库、香茅场水库、西沥水库和石岩水库。

深圳水库兴建于1959年11月15日，1960年3月5日主体工程完工，不到100天，近1000米长、30米高的主副坝土方工程建成。深圳水库的建设速度由此获得了“百日堤坝”“东方神话”的美誉。

今日东湖绿水青山，水质优良，风景宜人，是广东省级风景名胜区和深圳市著名的“五湖四海”风景区。同时，也是东深供水工程的主要调节水库，从这里直接供水到香港。

一、深圳水库的建设

（一）果断决策，顺利开工

1959年2月6日，时任中共广东省委书记陶铸会见700余名港澳知名人士，共商粤港澳经济贸易往来，同时议定由广东宝安县（现深圳市，下同）建设水库，向香港提供淡水。

深圳水库位于深圳河上游，集水面积60平方千米，建成后库容达4500万立方米。水库的设计、施工由宝安县水电局副局长林辉煌带队进行，后按照广东省要求，提高了规格，水利厅派出了强有力的技术力量参加了测量和设计施工。

深圳水库库区原村庄

早在1957年，宝安县便组织进行了一次全县的水利普查工作，摸清了全县的水利资源及各区、乡水利设施情况，初步形成了水利技术档案。1958年，水利局组织“宝安水利女子测量队”，对包括深圳水库在内的部分水利工地进行了工程测量，这些措施都为宝安的水库建设做好了充分的准备。

1959年6月，“深圳水库工程指挥部”正式成立，曹若茗任总指挥，马志民、赵俊谦、陈锦培、李锡源任副总指挥。

11月15日，深圳水库举行了隆重的动工典礼，进场的工人以及深圳的机关干部、企业员工、学校师生、驻军部队共一万多人参加，费彝民、高卓雄、王宽诚、何贤、马万祺、柯平、汤秉达等三百多位港澳各界知名人士出席了盛典。广东省副省长魏今非代表广东省委、省政府在大会上致辞，马志民代表水库工程指挥部及全体工人在大会上宣誓，水库各项工程自此全面展开。

（二）万众一心，日夜奋战

深圳水库的建设是在经济、技术水平都相对落后的条件下开展的，当时的施工除了两辆拖拉机之外，压土基本上全靠人工开挖，肩挑手推，不分昼夜，连续奋战。

深圳水库施工工地（1960年）

宝安县县委书记李富林带着3位副书记上水库工地指挥劳动。指挥部人员夜以继日地工作，工人们则更为艰苦，他们的居住条件非常简陋，伙食少油缺肉，口粮仅可果腹，由于每天的劳动时间长，强度大，工人晕倒、病倒不在少数。还有许多妇女把年幼的孩子锁在家里，自带干粮和水就上了工地，甚至还有背着嗷嗷待哺的婴儿赶来工地劳动。这些艰苦的劳动场面是水库建设的一个缩影。深圳水库建设高峰期施工人员接近4万人。

在建设过程中，涌现了许多先进事迹和感人故事，先后评选出的先进模范人物多达3831人。为了加快工程进度，保证在来年雨季前完成主坝的土建工程，工地掀起了工具改革、管理改进的热潮。插红旗、树标兵活动使每人每天完成的土方数，由1立方米多提高到5立方米多。在这些建设的突击队中，沙井公社西海大队支书陈泽芬带领的队伍是最出色的。突击队中有一个18岁的姑娘张敬爱，人称“飞车姑娘”，以前运土最少时一人一天只能拉上1.5立方米，自从她发明了“飞车运土法”后，每天可运土54.7立方米，工效提高了36倍，创下工地最高纪录。在这些模范、标兵的带动下，大家你追我赶，谁也不甘落后。

（三）周总理等领导的关心和人民的支援，深圳水库胜利竣工

深圳水库的建设得到了党和国家各级领导，以及宝安人民的关心、支持。

在主坝兴建过程中，同时铺设了通向香港的输水管，3.8千米的输水管铺建需要800吨钢材，水库指挥部就派出了副总指挥赵俊谦到北京找周恩来总理签署了从鞍钢运钢材的批示，从而解了燃眉之急。

水库竣工前夕，主管外交工作的国务院副总理陈毅专程来到深圳，在广东省省长陈郁和宝安县县委书记李富林的陪同下视察深圳水库，大赞工人的劳动精神。

宝安县人民，机关、企业、学校和人民解放军驻县部队，为深圳水库的建设贡献了巨大力量。三个月中，机关、企业、学校有1.1万多人次，人民解放军驻县部队有1.4万多人次参加工程建设、爆破等工作。部队还派出汽车40多辆支持水库建设，完成了艰巨的建筑器材、砂石运输任务。

1960年3月5日深圳水库堤坝工程庆功大会

1960年3月4日，不到100天，近1000米长、30米高的主副坝土方工程胜利完工。陶铸在正面坝坡上，亲自题词“深圳水库”。

3月5日上午11时，深圳水库主体工程完工庆功大会在主坝前的空地上举行，广东省领导陶铸、魏今非和300多位港澳各界知名人士共2万多人前来参加这一盛典。港澳知名人士送来了一面锦旗，上面题写“百日堤坝”。他们看到水库大坝这三个多月的巨变，不禁感叹这一奇

迹，一名香港同胞称深圳水库的建设是一个“东方神话”。港澳及海外媒体极力宣传，香港同胞欢欣鼓舞。剪彩礼上，陶铸对香港来宾说：“深圳水库除完成原定灌溉农田供水深圳任务外，如香港同胞需要，可引水供应香港以解决部分用水难的问题。”①

二、深圳水库的功能

深圳水库的建成，改变了宝安县长期以来因缺水而制约发展的落后面貌，为农田灌溉、生活用水、防洪发电发挥了积极的作用，有力地促进了地方经济的发展。

同时，深圳水库也为香港提供一部分淡水，帮助解决长期供水严重不足的问题，对缓解缺水状况，安定经济社会民生，发挥了极其重要的作用。

1960年4—9月雨季期，深圳水库开始蓄水。

11月15日，宝安县人民委员会与港英当局首次签订协议，每年由深圳水库向香港供水2270万立方米。

1961年1月25日，深圳水库开始对香港试供水，并于2月1日按协议正式供水。

1963年6月至1964年4月，香港遭遇百年大旱，淡水奇缺，深圳水库再增加输水量317万立方米。

深圳水库的建成，也为后来东深供水工程的顺利实施迈出了关键性的第一步，为长期向香港供水创造了有利的条件。

1963年12月，东深供水工程方案确定，深圳水库被纳入东深供水工程的建设。

深圳水库建成蓄水后，出现渗漏现象，水库工程指挥部于1960年10月至1964年2月期间实施加固施工，先后完成了溢洪道改建溢洪闸等工程。

---

① 深圳市史志办公室. 中国共产党深圳历史：第2卷［M］. 北京：中共党史出版社，2012：135-139.

此后，水库续建加固工程的收尾工作及扩建工程于1964年3月列入了东深供水首期工程的建设计划，并于翌年1月完成。

1965年1月，广东省水利厅组织成立“广东省东江—深圳供水工程管理局”，东深供水工程沿线所有的水工建筑物，包括桥头进口闸、新开河道、渠道、闸坝、各级抽水站、发电站、石马河、沙湾河、雁田水库、深圳水库等都被纳入东深供水工程管理范围。同年3月1日，工程正式输水香港。深圳水库是东深供水工程生命线上的最后一座调节水库，其功能以供水香港、深圳为主，是兼有灌溉、防洪、发电效益的中型水库。

东深供水工程此后在1974年、1981年、1990年分别进行了三期扩建工程。1974年3月至1975年12月，深圳水库扩建供水钢管，主要包括过坝段的进水口、闸门井、坝下涵管、坝后主管、支管、供水站等的工程建设。1981年1月至1984年12月，深圳水库扩建及加固输水系统，主要工程内容包括进水闸门井、穿坝顶管、输水管道等输水系统扩改建工程。1990年，深圳水库加高加固主坝，并建设深圳水库水电站。

2003年，东深供水工程改造工程全部完成后，深圳水库被赋予了新的功能定位：担负对香港、深圳供水任务，并起到净化水质、拦洪削峰作用。

可以说，深圳水库一开始就凝聚了粤港两地的手足深情，从第一天输水至今，见证了香港的发展，贴心而又温暖。

深圳水库景观

第二节　东江水供港的香港民意

一、政府和人民吁请对港供水

早在20世纪20年代，港英当局就有从内地引水的构想，但由于淡水属于稀缺性战略资源，水供应的背后是政治影响力的争夺，而香港又处在英国殖民体系的亚洲前哨，地缘位置十分敏感。港英当局出于政治考虑，一直没有付诸实践。

第二次世界大战后，香港经济迅猛崛起，人口激增，供水缺口越来越大。1959年的一场旱灾，使得民生问题超越政治，迫使港英当局于1960年与广东省政府达成协议，由深圳水库对香港每年供水2270万立方米。

1961年6月1日，政府派副工务司莫觐、海事处高级海事官许尔斯、水务署工程师孙德厚等，到广州与广东省水电厅厅长刘兆伦、广州市建设局副局长戴机、黄埔港务局副局长周省民等商谈有关供水香港的具体事宜。

在1962—1963年水荒期间，香港旱情史无前例，即使深圳水库将供水量增加了1.2倍，仍然无力扭转水荒局面。眼看局势越发严峻，香港社会因水荒而趋于失控。一时间，香港中华总商会、港九工会联合会等香港各界的求援电函风驰电掣般飞向广东。

1963年初，广东、香港同遭大旱，香港方面致电广东省省长陈郁，要求帮助解决水荒困难。陈郁省长表示可以大力帮助，除继续由深圳水库尽力供水外，还同意港方派船到珠江口内免费运取淡水。是年，香港方面派船到珠江口运水818万立方米，深圳水库向香港供水1177万立方米。为长远计，香港提议提引东江水供给香港。陈郁省长指示广东省水电厅研究方案。刘兆伦厅长组织有关技术人员进行多方案比较，推荐采用从东江取水沿石马河多级提水倒流的跨流域供水方案。

5月25日，香港《大公报》刊发题目为《中总建议港府向穗洽商取水以济燃眉》的报道。文章副题同样显目，“工商各业三百万人在渴望/开源节流解决水荒/就近取水先渡难关/中总决议去函辅政司并致电粤省政府”。文内详细记述了前日香港中华总商会举行专题讨论解决水荒会董特别会议的情况。

特别会议由副会长高卓雄主持，他在开会致辞中说，香港水荒已达到严重阶段。报载政府可能实施隔三五日供水办法，由于事态紧迫，是以召开特别会议，共商对策。会议一致决议：第一，立即致电广东省人民政府，请求供给更多用水给香港以减轻港九数百万同胞的困难。第二，立即去函辅政司，请政府即向广东省政府接洽供水事宜。至于供水具体技术问题，由双方洽商。会董并提出，为长远起见，港英当局应向广东省政府请求在石龙桥及深圳水库之间安装输水管，将东江水输往深圳水库，以便供给香港更多用水。

当天的报纸还刊载了中总致电广东省政府请求援助的电报全文。

广东省人民委员会陈郁省长钧鉴：

港九水荒异常严重。据此间天文台预测，短期间尚无雨象。港九工商百业及人民生活遭受愈来愈大之困难，殊堪焦虑。向谂粤省水利建设成绩伟大，可否以其余力，挹彼注兹。对港九水荒予以赐助。如蒙俯诺，则港九各界人士将同深欢忭，而感戴无涯也。如何之处，乞早赐复。

香港中华总商会叩

5月26日，香港《大公报》头条接着刊发了港九工会联合会标题为《工联致电粤省人民政府盼以余力减轻港九水荒/昨开紧急会议指出开源为首要之计》的报道，文中记述了前日港九工会联合会举行紧急理事会议的详情。

出席者有工联会下属各会员工会理事，各工会理事反映，当前港九水荒已达空前严重境地，对港九工人同胞生活影响巨大。如短期内再不下雨，则港府当局将进一步实施三天或四天供水一次的节水措施。各业工人日求两餐，生活本已困难，每日辛苦工作后，还要忍受轮水之苦。目前港九存水越来越少，在水荒进一步严重的情况下，工人开工必受影响，从而威胁其生计。而且目前正在东南亚发生的霍乱，亦可能蔓延到香港来，对港九工人同胞健康影响重大。水荒对工商百业与工人同胞生活，以至社会秩序，都带来重大打击。因此，如何应对当前港九严重水荒，已成为各界人士共同关心和迫切要求解决的重大问题。在港九水荒空前严重的时候，节省用水的措施，对减轻水荒困难，不无裨益。但是首要之计，仍是积极开源。根本有效的解决办法是向内地寻求帮助，解决水荒困难。

理事们认为，几年来深圳水库向港九供水，使港九工人同胞获益不少。今年广东面临大旱，但90%的农田已插秧，足见历年水利建设成绩显著。如有余力帮助解决港九水荒困难，则港九工人同胞将如久逢甘霖，感到无限的欢欣。最后一致通过，以港九工会联合会名义，立即拨发电报给广东省人民委员会，请求帮助解决港九水荒困难。

与此同时，《大公报》也刊载了港工联致电广东省人民政府全文。

广东省人民委员会陈郁省长钧鉴：

港九水荒，空前严重，港九工人同胞生活及工商百业均受影响，目前仍无雨象，殊堪焦虑。广东水利建设成就重大，如能以余力减轻港九水荒困难，则港九工人同胞将获益匪浅也。望予援助，恳请赐复。

港九工会联合会叩

香港人士方群也登报支持，表示："这是解救本港严重水荒的善策之一，是港九三百多万居民喜欢听到的新闻。就目前来说，在全力节约用水之同时，有关当局必须想尽一切可能的办法来开辟水源，包括人造雨、开水井以及蒸馏海水等等，同心同力，渡过难关。但求有水，定必皆大欢喜。若论各种办法，自以就近取水为最稳妥及最方便。我们完全支持中总的决议，以及所有可以开辟水源的建议。”①

5月25日，香港《南华早报》发表社论说，利用水管由珠江取水的建议，在很久以前已有提及，但由于下游的含盐问题及潮水影响的工程问题而被否决。现河水水位低落，盐水内灌将达河水中游，由小船或水船运水则是另外一个问题。中国各地都兴建了水利工程，成千上万的市镇和乡村因此获利。今天的香港，应该感谢深圳方面的帮助。②

5月26日，香港《大公报》报道，工业界人士对港英当局成立特别小组委员会研究尽快运取附近河水的事情表示欢迎。他们对中华总商会向当局提出的向内地就近取河水的建议甚表关注，并表示支持。

荃湾一位棉业织造厂负责人说，如果实行隔日供水，荃湾绝大部分的棉纺织业工厂将遭到影响，将不得不停工或半停工，并指出棉织品制作过程中的用水，只靠自来水，因为山水、井水含有碱质或矿物质，不能直接用于棉纱。另一间纺织、漂染工厂的高级人员说，问题最严重的是漂染厂，隔日供水后只能停工。漂染只能使用淡水或河水，井水、山水都不适用。他们对港英当局研究用船取水的计划甚为重视，希望当局尽快就近解决运水问题，至少使工业区每天能供数小时淡水，使工业不致停工减产，影响出口贸易，不致使数以万计的工人停工，生活面临困难。

5月26日，香港《大公报》发表题目为《向内地取食水各方均表赞成》的文章，刊载了各界人士都支持中华总商会向内地取水的态度。

中华厂商联合会会长黄笃修被问及关于开源的意见时说，他赞成中总的意见。顺德联谊会理事长何享锦说，没有理由舍近求远，所谓到日本、东南亚等地取水的说法，都是不切合实际的。中总的建议获得香港居民的高度赞同，被认为是可行而又快捷的办法。

面对香港中华总商会和港九工会联合会的急电请求，陈郁省长在第一时间作了答复：“广东省将尽自己最大的能力帮助香港战胜水荒困难。旱魔

① 支持中总的决议［N］. 大公报，1963-5-25（4）.

② 南华早报发表社评谈论粤省水利成就［N］. 大公报，1963-5-26（4）.

无情人有情，在界碑北边同是轩辕后裔的祖国人民及时伸出了援助之手。”

5月25日，香港《大公报》刊载了陈郁省长复香港中华总商会的电文。

香港中华总商会：

来电收悉。港九地区遭遇六十几年来未见的奇旱，港九同胞及港九工商百业受旱缺水，正受到越来越大的困难。广东全省人民对此极为关怀。为了济香港居民燃眉之急，我们愿意尽力协助解决目前香港水荒的严重困难。只要香港方面能自备运水用具前来运水，我们准备在广州市每天免费供应自来水二万吨，或在其他适当地点供应淡水给香港居民食用。至于供水的具体问题，请香港方面迅速派人前来广州与有关部门商洽。

广东省省长陈郁　5月25日

5月26日，香港《大公报》刊载陈郁省长复港九工会联合会电文。

港九工会联合会：

二十五日电悉。对于港九工人及各界同胞，因遭遇六十几年来罕见的干旱而遇到的困境，举国人民深表关怀。我们愿意尽力帮助解决港九地区的水荒困难，只要香港方面自备运水工具前来运水，可以在广州市每日免费供应二万吨自来水，或在其他适当地点供应淡水给港九居民食用。至于供水的具体问题，香港方面可以即派代表前来商谈解决。今年广东各地亦遭遇严重干旱，目前旱情仍在发展，但在中国共产党、毛主席和人民政府的关怀下，几年来大规模的农田水利建设工程和工业对农业的支持发挥了巨大的抗旱效能，全省人民正满怀信心，同干旱作斗争，我们一定能战胜这场严重的干旱。

广东省省长陈郁　5月25日

5月28日，新华社香港分社邀请港英当局到广州商谈解决香港水荒的

中總建議港府向穗洽商取水以濟燃眉

港府昨宣佈成立小組委會

研究用船運淡水河水來港

正在考慮路途遠近及費用辦法等問題

居民開料學井不須向建築取締部申請

工商各業三百萬人在渴望

開源節流 解決 水荒

就近取水 先渡 難關

中總決議去函輔政司並致電粵省政府

中總致電粵省人民政府全文

鑽井尋源仍須並行

炎熱衛生不能缺水

支持中總的決議

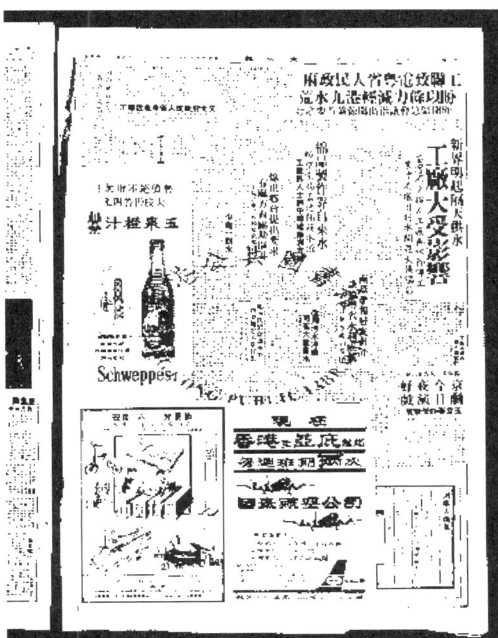

工聯致電粵省人民政府

工廠大受影響

大公報

粵省關懷香港嚴重水荒

願意免費供水協助解決

1963年5月25日、26日《大公报》

问题。6月10日，周恩来总理审阅中共广东省委《关于向香港供水问题的谈判报告》，批道，“交涉是成功的”，并对向香港供水的一些事项做出安排。周恩来总理审批的中央《关于向香港供水谈判问题的批复》，于十五日发出，内称：我们已做好供水准备，并已发布了消息，而且已在港九居民中引起了良好的反应。①

5月30日，港英当局发出公告称：从6月1日起实施严格“制水”，规定每4天供水1次，每次供水4小时；各街巷公共水喉隔日供水1次。

为了尽可能地缓解水荒，港英当局在广东省人民政府的大力协助下，频繁派出巨轮到珠江口装运淡水。此外，深圳水库压减宝安县自身的用水量，在原协议供水量2270万立方米的基础上再增加对港供水317万立方米。

6月25日，港英当局派出第一艘运水船“伊安德”号驶抵广州黄埔港的大濠州锚地，于当天下午5时开始装载珠江的淡水。每次载运14500吨。至翌年4月止，来往运水达614艘次，运水量818万立方米。同时，深圳水库不断增加供港水量，使得当年的输水量增加到了2591万立方米。

1963年6月27日，“伊安德”号轮船从珠江载运第一批淡水到香港。图为“伊安德”号停泊在德士古码头，工人用4条胶喉将所载之1.45万立方米河水输入香港输水系统

① 中共中央文献研究室. 周恩来年谱（1949—1976）：中卷［M］. 北京：中央文献出版社，1997：559.

1963年，香港坪洲居民用水主要仍依靠岛上天然水源及运水船提供。孩子们也知道水珍贵，协助水船运水

二、周总理特批建设东深工程

1963年，广东省水利电力厅会同广州市建设局、自来水公司，惠阳地区、东莞县（现东莞市）及宝安县等有关单位进行现场查勘，提出工程规划初步意见，再由广东省水利电力勘测设计院对引水线路各方案进行详细比较后，提出《供给香港用水工程规划意见书》，由广东省水利电力厅上报广东省人民委员会。

在内地协助香港缓解水荒困难的同时，中英双方都在考虑如何长远解决香港用水困难。10月28日，英国政府通过外交途径正式向中国政府提出东江水供港的请求。中国政府接受了英方的请求，决定兴建东江—深圳供水工程，向香港供水。

同年12月8日下午，周恩来总理在出访非洲前专程转经广州，听取广东省水利电力厅刘兆伦厅长关于从东江取水工程方案的详细汇报，并同陶铸、陈郁、程子华等谈话，指出：香港居民95%以上是我们自己的同胞，供水工程应由我们国家举办、列入国家计划，不用港英当局插手。并指出：供水谈判可以单独进行，要与政治谈判分开。供水方案，采取石马河分级提水方案较好，时间较快，工程费用较少，并且可以结合农田灌溉，群众有积极性。[①]他要求工程建好后，采取收水费的办法，逐步收回工程建设投资费用。水费每吨收人民币1角钱。[②]周总理同意广东省水利电力厅推荐的方案，并指示速报国家计委审批，后经国家计委批准，由中央拨款兴建，定名为东江—深圳供水灌溉工程（以下简称东深供水工程）。[③④]

1964年1月21日，中国外交部西欧司谢黎司长约见英国驻华代办贾维（T. W. Garvey），请他转告英国政府和港英当局：中国政府决定兴建东深供水工程向香港供水。中国政府将负责全部工程的设计和建设，并负担全部费用。关于在工程完成后向香港供水的具体细节，由广东省与香港方面商谈协定。

经周恩来总理批示，国家计委从援外经费中拨出专款3584万元[⑤]，以支持东深供水工程，帮助香港同胞尽快解决用水困难。当时，内地刚刚经历三年灾害，百业待兴，正处于经济困难时期，所拨款项在当时是个天文数字。中国政府动用巨额资金和大量人力兴修东深供水工程，既无从中牟利的打算，也未用之作为对英国政府施压的政治手段。这体现出中央政府关心香港民生疾苦的同胞情谊，也是对香港“长期打算充分利用”战略方针的体现，是把香港的兴衰和国家的发展联系在了一起。

同年4月22日，广东省代表刘兆伦与香港方代表莫觐在广州签订了《关于从东江取水供给香港、九龙的协议》，协议从1965年3月1日开始每年由东深供水工程供给香港原水6800万立方米。

东深供水工程向香港供水由此拉开大幕。

① 中共中央文献研究室. 周恩来年谱（1949—1976）：中卷［M］. 北京：中央文献出版社，1997：600.

② 周总理关于供水香港问题的谈话纪要［Z］. 1963-12-8.

③ 刘兆伦. 英明的决策——周恩来总理与东深供水工程［J］. 人民珠江，1998（3）：3.

④ 孙翠萍. 东深工程向香港供水的历程与意义［J］. 党史研究与教学，2013（1）：64.

⑤ 孙翠萍. 周恩来与东深工程［J］. 中华魂，2012：4.

第三节 “要高山低头，令河水倒流”

一、让东江水“倒流”

将东江水输送到香港，首先要引东江水南流至深圳水库。问题在于，要实现这一目标，就要将原本由南向北流入东江的支流——石马河变成一条人工运河，使河水由下游抽回上游，逆流而上。东深供水工程正是为实现这一目标而设计建造的一项超级工程。

东深供水工程设计由广东省水利电力勘测设计院承担。工程布局是在东江边至桥头边挖一新开河，引进东江水，通过逐级提水倒流进雁田水库，跨过分水岭而流入深圳水库，最后通过管道输送到香港、九龙，共装33台电动水泵，动力共6975千瓦。

据说，当年的工程设计者们是从小学生课本中“乌鸦喝水”的故事里受到启发，他们提出了三个方案：一是沿珠江口海边修建渠道从东江引水，提水输入深圳水库；二是从东江提水，经东莞企石到常平后再沿广深铁路线用钢管输水至深圳水库；三是从东江引水，沿石马河多级提水到雁田水库，然后跨越分水岭流入深圳水库。前两个方案，一是用渠道，二是用钢管，显然这两种方案只能维持一时，第三种方案工程量和投资最小，兼有灌溉和排涝效益，且施工方便、工期短。从长远来看，有利于香港的长治久安，有利于工程沿线的发展，工程的设计者们最终选择了第三种方案。其后在运行管理及扩建工程时证明了这一工程方案的优越性，当年的选择是正确的。[①]

1963年，工程初步设计，将石马河由北向南倒流，经八级提水，使东江水从海拔2米，一级一级地提升46米后注入雁田水库，再由库尾开挖3千米人工渠道，注水至深圳水库，经3.5千米长的输水钢管直接供水至香

① 杨宏英. 东江之水越山去［J］. 清明，1997（5）：172-174.

港。一位当年奋战在建设工地现场的人员对整个工程做了一个形象比喻：如同一座由北向南、高达四五十米的“大滑梯”，东江水沿着北面高低不等的“梯级”，逐级被提升至梯顶的雁田水库，再沿着“滑梯”（沙湾河）注入深圳水库。①

二、11个月完成三年的工程量

东深供水工程运河起自广东省东莞市桥头镇，流经司马、旗岭、马滩、塘厦、竹塘、沙岭、上埔、雁田及深圳等地，全长83千米，主要建设包括六座拦河闸坝和八级抽水站。就当时的技术条件和经济水平而言，这是一项宏大的“北水南调”工程。

1964年2月20日，东深供水工程动工兴建。广东省人民委员会成立了东江—深圳供水灌溉工程总指挥部组织施工，总指挥曾光，副总指挥连维、黄志强、肖锋，总工程师陈国干。总指挥部下设桥头、塘马、凤岗、深圳四个工区。在施工中，各个工地实行全面施工、遍地开花的策略。

“要高山低头，令河水倒流”是东深供水工程的口号

东深供水工程工地现场

全国14个省市五六十间工厂和广东省的十余间工厂优先为工程加工制造并协助安装设备，铁路、公路、航运等部门优先安排运输。工程按计划

① 徐阳. 一江清水　两地情——纪念东江济水香港50周年［J］. 绿色中国，2015（6）：56-61.

一年内建成，按协议1965年3月1日开始向香港供水，改变过去不能全日供水的局面。

东深供水首期工程，施工设备缺乏，施工人员克服困难，团结一心，日夜奋战在工地

东深供水首期工程规模浩大，凿山劈岭、架管搭桥，工程从设计、施工到设备的制造、安装全部由我国自己组织、建设。任务相当艰巨，时间十分紧迫。

由于要在翌年春季开始供水，绝大部分土建工程需要在汛期施工。施工过程中经历了5次台风暴雨的侵袭，旗岭、马滩工地的围堰分别3次被洪水冲垮，特别是1964年10月中旬23号强台风，持续时间长，使石马河发生50年一遇大洪水，给施工带来了极大的困难。

此外，工程项目多，工地分散，施工机械不足，挖填、运料、打桩注浆全靠人力。施工高峰期，工人有2万多人。但是，工程建设得到了全国有关部门和施工所在县、人民公社的人力物力支持。为工程加工制造机电设备的上海、西安、哈尔滨等14个省市的56家工厂和省内几十家工厂以及铁路、公路、水运及民航等部门发扬协作精神，克服重重困难，优先为工程的设备进行加工、运输和安装。

早期施工设备简陋，施工人员主要靠肩挑背扛

当年，广大公社干部、社员群众，对港九同胞的苦难，感同身受；对党中央、省委的号召，一呼百应。一夜之间，荒郊野岭的工地盖满了工棚、砖屋，人声鼎沸。建设大军由上万人组成，肩挑人扛，工程开展得热火朝天。

正当东深工程施工开展的同时，整片的南粤大地却深陷旱灾，由于水利专业人员分散在各地一线抢修，东深供水工程技术人员数量严重不足。就在这工期紧、技术难、政治压力大的燃眉之际，广东工学院积极配合，组织80多位水电专业的大四学生前往一线支援。

谢念生就是这支持东深供水工程的大四学生队伍中的一员。他们大多20岁出头，正值年少，满腔热血，豪情万丈，怀揣解除港九同胞苦难的使命，不负重托，把三年半学到的理论知识，积累的工程实践经验发挥得淋漓尽致。大四、大五正是课程最紧张的时候，为了工程顺利完工，谢念生和他的同学们一直坚守工地。原本他们可以在9月底返校复课，但当月旱情严重恶化，粤港双方几经商议，将通水日期又提前至12月。这可难为了这群工学院的大四学生，对他们来说，错过重要课程，耽误的不仅仅是学业，还意味着这些学生的毕业设计和毕业分配恐怕都会受到影响，学院领导为此很是为难。在此重要关头，学院权衡得失，以大局为重，暂停上课，让学生们坚守工程现场。

1964年11月16日，师生们在历经224个日夜的奋战后，最终完成了祖国和人民托付给他们的艰巨任务，依依不舍地离开了施工一线。谢念生还记得老院长下工地慰问同学们时讲过的一席话：“几十年后，当你们的儿子孙子问及你们一生的成就时，你们就可以说，我在学生时代就搞过中央级

东深供水工程初期建设现场

别的工程！”

70多岁的张容伙老人，当年从部队转业后便调至东深供水工程，直到1999年才退休离岗。谈及40多年的工作生涯，他感触最深的还是东深供水工程施工时期，举国人民拧成一条绳，在极其艰难的条件下，最大限度地抽调人力和物资，排除万难保障这条供港“生命线”提早完工。张师傅说：“当时物资极度匮乏，周恩来总理亲自批示，要求铁道部以东深供水工程物资运输优先，凡是工程物资抵达，第一时间运至现场。”

张师傅说，当年工程开建恰逢多雨时期，建设亦并非一帆风顺。从5月底第2号台风起，工地连续受到了6次台风袭击，风力最高时达十二级，东江乃至施工沿线频受洪灾侵袭，堆在工地的木料屡次被洪水卷走，甚至还有工人在台风的突袭下献出了年轻的生命。

张师傅笑称，英国曾派水利专家组来沿线视察，看到施工场景后放言，工程完工至少要3年。但该工程堪称举全国之力，工人采用3班倒、保证每天24小时不间断开工，最终仅用了11个月便提前完成。①

1964年2月20日，东深供水工程正式上马。12月15日，首期工程即告竣工，用时11个月，完成了包括240多万立方米土石方和10万立方米混凝土与钢筋混凝土在内的全部建筑安装工程，使用工程费3584万元。到翌年2月全部机电设备安装、调试工程胜利完工时，东深供水工程首期工程总投资达到4500万元。

三、东深工程送水了

1965年初，广东省人民委员会有关部门共18人组成工程验收委员会，于2月23日至工地进行正式竣工验收。

2月7日，香港工务司邬利德等3人参观东深供水工程后称赞说：“这

① 徐阳．一江清水　两地情——纪念东江济水香港50周年［J］．绿色中国，2015（6）：56-61.

个工程是第一流头脑设计出来的，这个工程对我们来说的确是一个保险公司，对香港有很大的价值。”邬利德等人对中国制造的机电设备表示高度赞赏，对高速度建成的高质量东深供水工程表示敬佩。[①]

2月27日，广东省副省长林李明在东莞塘夏主持召开了东深供水工程落成典礼大会，广东省副省长曾生发表了讲话，广东省水电厅厅长刘兆伦介绍了工程建设的情况。港九工会联合会和香港中华总商会向典礼大会赠送了两面锦旗。第一面上书“引水思源，心怀祖国”，第二面书写“江水倒流，高山低首；恩波远泽，万众倾心”，表达了香港同胞对祖国和人民的无限感激之情。[②]同日，东江—深圳供水首期工程竣工典礼在深圳塘厦举行。该工程当年就向香港供水6000万立方米，占其全年用水量的1/3。

1965年2月27日，东深工程竣工，在塘厦工地举行隆重的完工庆典，香港知名人士应邀出席

东江水抵深圳水库后，经过一条横跨深圳河的水管，流入位于边境木湖的接收水池，然后再流往木湖抽水站。输水管自1960年达成深圳供水协议后开始安装，水管直径1.2米，全长约16千米，起自文锦渡附近，经石陂

① 广东省东江—深圳供水工程管理局. 东江—深圳供水工程志［M］. 广州：广东人民出版社，1992：4.

② 同①.

1965年2月27日，广东省副省长林李明在东江—深圳供水首期工程竣工典礼上剪彩。后排右起为香港中华总商会副会长王宽诚、香港工联会会长陈耀材、香港中华总商会会长高卓雄等

头、粉岭至距石冈约1.6千米处入大榄涌引水道止。

为接收深圳水库输水，香港在1960年进行敷设大型水管工程

1964年，工程在第一条输港水管的基础上，又增设了第二条直径1.4米的水管。这条水管起自新界文锦渡，经梧桐河抽水站，至大埔头输水隧道，与船湾淡水湖系统连接。该输水管自梧桐河泵房，经上水、粉岭抵达大埔头后，水可经过泵房注入大埔头，至下城门水塘输水隧道转沙田滤水厂，供应市区。大埔头至下城门水塘输水隧道于1962年兴建，输水隧道亦可由大埔头泵房，反方向将水输入船湾淡水湖，储备的淡水可供冬季使用。大埔头泵房还可利用尼龙水坝，拦截林村河水，抽入大埔头至下城门水塘输水隧道。

1965年3月1日，东深供水工程管理局在深圳水库红楼为供水香港举行开闸放水仪式。深圳开始对港供水站供水，根据协议，每年供水6820万立方米，占当时香港全年用水量的1/3。

3月2日，以东深供水为题材，由香港罗君雄编制、导演，香港鸿图影业公司摄制的《东江之水越山来》大型彩色纪录片在香港公映，一时轰动

了香港，民众欢欣鼓舞，争相观看，盛况空前。①

江水倒流，高山低首。东深供水工程首期工程，带着祖国人民对香港同胞的深情厚谊，仅用短短的11个月就及时地将东江水输入了港九地区的千家万户。依靠着东深供水工程，香港的水荒从此绝迹。

表3-1　东深供水工程首期工程沿线主要供水建筑物

地点	拦河闸坝	抽水站
桥头	—	进水闸4孔，每孔宽4m，抽水设备6台
司马	—	抽水设备7台
旗岭	坝基厚13 m，全长97.5 m，排洪闸13孔，每孔净宽6 m	—
马滩	排洪闸14孔，每孔净宽6 m	抽水设备3台
塘厦	排洪闸8孔，每孔净宽6 m	抽水设备3台
竹塘	排洪闸5孔，每孔净宽6 m	抽水设备4台
沙岭	排洪闸4孔，每孔净宽6 m	抽水设备4台
上埔	拦河坝长10 m	抽水设备3台
雁田水库	位于东莞市凤岗镇雁田乡，库容$1.43\times10^7 m^3$，集水面积$25.6 km^2$，主坝高程51.55 m，1～6号副坝高程52 m	
深圳水库	位于深圳市沙湾河下游，库容$3.52\times10^7 m^3$，集水面积$60.5 km^2$，主坝高程30.5 m，另有两个副坝	

① 广东省东江—深圳供水工程管理局. 东江—深圳供水工程志［M］. 广州：广东人民出版社，1992：120.

天真烂漫的小孩在船湾淡水湖溢洪口获得丰富渔获，喜上眉梢

第四节　东深供水工程的扩建与改造

一、东深供水工程的扩建

随着人口与经济快速增长，香港对水资源的需求量也相应快速上升。东深供水工程原来的设计建造很快就无法满足香港供水量的要求，为此，东深供水工程分别于1974年3月至1978年9月、1981年10月至1987年10月、1990年9月至1994年1月先后进行了扩建。

（一）第一期扩建工程

第一期扩建工程于1974年开始动工，1978年9月完工。

第一期扩建工程主要是对原有工程进行技术改造，革新挖潜。在首期工程基础上，扩建深圳水库供水钢管、扩挖新开河，除桥头站外，其余7站均各增加1台水泵，使电动水泵增至40台，动力增至8555千瓦。

第一期扩建工程费用达人民币1483万元。港英当局为配合扩建，于1978年再斥资1.17亿港元改善东江供水计划。第一部分在木湖兴建一个新蓄水池及抽水站，升级广东省原水设备；第二部分是兴建由梧桐河抽水站至船湾淡水湖输水管，增加梧桐河抽水站抽水量。

一期扩建工程在确保供水、灌溉的前提下，分批在枯水季节突击施工，分期投入运行。1973年3月供水钢管工程动工，1978年8月工程全面竣工投产。1978年11月29日，广东省代表冯志仁与香港方代表麦德霖在广州重新签订《关于从东江取水供给香港、九龙的协议》。[①]

东深供水工程一期扩建后年供水能力提高到2.88亿立方米，向香港供水量增至1.68亿立方米。

一期扩建工程——旗岭闸坝

一期扩建工程——桥头抽水站厂房和进水口

一期扩建工程——桥头抽水站厂房内部

一期扩建工程——竹塘抽水站控制室

一期扩建工程——司马变电站

① 广东省东江—深圳供水工程管理局. 东江—深圳供水工程志［M］. 广州：广东人民出版社，1992：125.

（二）第二期扩建工程

1979年，香港人口增加到492万人，生产总值达1070亿港元。为了解决用水困难，港英当局先后建设了15个传统水塘、2个大型海湾水库，总容量达到5.86亿立方米。1978年建成的海水化淡厂，耗资4.8亿港元，日产水量18.18万立方米，但用水仍严重不足，而且海水淡化成本比东深供水费高6倍。因此，港英当局再次提出增加供水要求。

1980年5月14日，广东省代表魏麟基与香港方代表麦德霖在广州签订了《关于从东江取水供给香港、九龙的补充协议》，[①]协议规定自1983—1984年度供水2.2亿立方米开始，逐年递增，1984—1985年达到年供水量6.2亿立方米。

1981年东深供水工程开始进行第二期扩建。工程建设复杂艰巨，整个工程于1987年10月建成，历时6年时间。

第二期扩建工程的主要内容包括：于新开河口兴建东江抽水站1座；扩增原工程司马、马滩、塘厦、竹塘、沙岭、上埔及雁田抽水站新厂房，增加抽水机组26台，新建1条深圳水库坝下直径3米的输水钢管，及从坝后到深圳河边长3500米的混凝土管道，过水能力为16.8立方米/秒；利用水力落差在单竹头和深圳水库坝后兴建2座小水电站，共装机6400千瓦；新建渠道、扩挖河道，加高深圳水库主坝1米等。总装66台电动水泵，动力共3.29万千瓦。

第二期扩建工程的特点是边供水，边施工。不仅要在施工期间继续供水，还要逐年增加供水量，而且必须不影响沿线农田灌溉。二期扩建工程使对香港的供水能力达到首期工程的9倍，施工任务艰巨复杂。

主体工程由广东省水电厅第三工程局承包施工，共耗资2.7亿元。

港英当局亦于1981年下旬，耗资1.5亿港元在木湖、大埔头及粉锦公路兴建3座抽水站，在木湖兴建接收输水设施，开凿5.2千米长隧道及铺设5

---

① 广东省东江—深圳供水工程管理局．东江—深圳供水工程志［M］．广州：广东人民出版社，1992：126.

千米的水管，将接收广东省供水工程列为“十二年计划”的一部分。于下城门山谷至城门水塘间，铺设直径1200毫米、长2.1千米钢水管，连接下城门山谷的新抽水站，增加该处输往荃湾及石梨贝滤水厂的输水量，1983年输水量每日可达18.2万立方米。

东深供水工程二期扩建后年供水能力提高到8.63亿立方米，其中，向香港年供水量增至6.2亿立方米。1985年，总供水量达27.87亿立方米。

东深供水工程扩建完成后，大大提升了东江水供港的输送能力，对香港经济繁荣与稳定做出了重要贡献，收到了良好的社会效益。香港同胞誉称东深供水为“食水保险公司”，港九工联会长陈耀枋说：“我们饮到甘露般的东江水，甜在心头，每一滴水都充满了祖国同胞的深情厚意，要永远感谢祖国的关怀。”①

二期扩建工程——马滩抽水站全景

二期扩建工程——上埔抽水站全景

二期扩建工程——塘厦抽水站全景

二期扩建工程——塘厦抽水站控制室

① 水利部珠江水利委员会，《珠江志》编纂委员会. 珠江志：第4卷［M］. 广州：广东科技出版社，1993：75.

二期扩建工程——马滩抽水站泵房

二期扩建工程——上埔变电站

（三）第三期扩建工程

为了维护香港的长期稳定和繁荣，促进深圳特区经济的发展，广东省于1989年筹备东深供水工程的第三期扩建计划。

第三期扩建工程是一项大型梯级跨流域调水工程，工程总投资16.5亿元，工程规模在二期工程基础上扩大一倍，设计取水流量从39.8立方米/秒增加到80.2立方米/秒。年供水能力从8.63亿立方米提高到17.43亿立方米，相当于首期工程供水能力的10倍。

第三期扩建工程维持二期工程的水位不变，扩建工程的主要内容是扩建东江、司马、马滩、竹塘、沙岭等抽水站及加建塘厦抽水站。工程于1990年9月动工，历时三年多，于1994年1月23日通水，比原计划提前一年建成。总供水量增至17.43亿立方米，其中向香港供水能力增加到11亿立方米，向深圳供水量增加到4.93亿立方米，向东莞沿线城乡供水1.5亿立方米。

东深供水第三期扩建工程全部完成后，拥有22座抽水站、6座拦河闸坝、2座中型水库、3座水电站及长达6.42千米的大型输水隧洞（雁田隧洞）。

东深供水第三期扩建工程彻底解决了香港长期缺水的状况，从水量上为满足香港长期的供水需求提供了保证。

1994年3月1日，在东深供水第三期扩建工程竣工的庆典大会上，香港代表黄吉雯女士深情地说：“香港和内地血脉相连，没有东深供水工程，就没有香港的今天。”[①]简单的一句话，包涵了多少年来香港对内地人民深厚的感激之情，也凝结了多少年来内地人民的付出和汗水。

从1965年1月至1997年3月香港回归前夕，东深供水工程累计供水135.31亿立方米，其中向香港供水95.12亿立方米，向深圳、东莞分别供水19.85亿立方米、20.34亿立方米。东江水是名副其实的生命水，东深供水工程成为体现手足同胞情、维护香港社会安定的基础和支柱。

三期扩建工程后的马滩抽水站全景

三期扩建工程——人工渠道

三期扩建工程——雁田隧洞

① 李迪斌. 东江—深圳供水工程再结粤港情谊［J］. 瞭望新闻周刊，1994（13）：57.

20世纪80年代末至90年代，东江中下游地区——东莞、惠州及深圳经济特区，社会经济迅猛发展，工业、加工业及第三产业遍地开花，城镇人口骤升，使城镇用水、工业用水占整个地区用水量的比例越来越大。河流沿岸的乡镇企业未经处理的废水无序排放，严重污染了河流水质。因此，东深供水工程深受沿线河道水质污染的困扰，需要出台相应的治理措施，为此，治污、截污和工程改造已成燃眉之急。

（一）东深供水工程改造迫在眉睫

广东省政府十分重视对供水水质的保护，通过立法制定并颁布了《东江水质保护条例》等法律法规，为东江水资源管理及水质保护提供了依据和保证。东江水作为饮用水源保护区，水质得到了有效的保护，水质总体处于良好的水平。

根据1989—1991年对东江水质监测的结果，东深供水工程的水源水质保持在国家GB3838-88地表水Ⅱ级标准以上，满足饮用水标准要求。在1992—1996年监测的26个项目中，除个别断面的个别项目，例如总氮、氨氮、油类及大肠杆菌出现随机超标外，东江水源仍能基本上达到Ⅱ类水质标准，水质仍属清洁。在此背景下，东深供水工程的供水容量和供水质量却面临几个问题①，亟待解决。

1. 作为输水河道的石马河受到污染侵蚀

作为输水河道的石马河沿岸，在20世纪80年代以前，以农业经济为主，人口密度小，植被和环境较好，所以早期的供水水质一直是良好的。

随着改革开放的进程，珠江三角洲经济腾飞，外资大量引入，外来劳工急剧增加，流域内土地和植被在缺少全面规划和保护的情况下被大量开发。许多未经处理的污染物倾入石马河与沙湾河天然河道，使得水体受到

① 卜漱和. 东深供水工程的污染及改造［J］. 团结，2000（4）：19-20.

污染。

对香港供水的初期，由于供水规模不断扩大，其引水流量相当于石马河枯水径流量的上百倍，因此石马河水环境容量大幅度增加，其纳污能力可以承受来自输水系统大幅增加的污染源，一定程度上掩盖了水环境已逐步恶化的事实，使得管理方放松了对污染源的控制和治理。

然而，随着污染源的继续增加，平衡终被打破，水质污染从局部河段发展到沿线污染，从个别项目随机超标发展到大范围项目超标，连经深圳水库调蓄、停留降解后的香港、深圳供水口也不例外，其中生物需氧量值为Ⅲ～Ⅳ水质标准，氨氮及总氮也超过标准值，这影响着香港、深圳、东莞沿线城镇1000多万人的身体健康和正常生活，并对社会安定和经济可持续发展构成了威胁。这也就引出了后来的为保护水质，启用管道输水，不再利用石马河输水的方案。

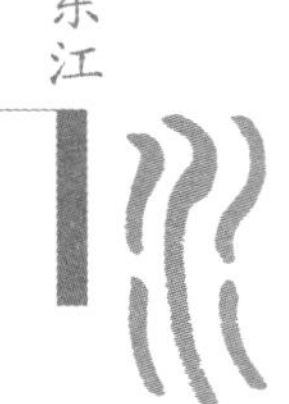

2. 深圳市自身的缺水也很严重

深圳市内没有大江大河，仅有13条集水面积大于10平方千米的河流，由于源小流短，水资源短缺，加上社会经济持续高速发展和城市人口的增加，深圳对水的需求越来越大。

根据《深圳市水中长期供求计划报告》预测，到2010年深圳市需水量将达20亿立方米（2010年深圳实际总供水量为18.99亿立方米），而东深供水工程可供水量仅10亿立方米。

3. 东深供水工程取水口的泵站抽水量不足

取水口上游东江河段内无计划超量采沙，造成河床下降、水位降低，在中水及枯水季节，抽水量难以保证，有时甚至抽不上水。

为了解决东深供水工程存在的水质和水量问题，广东省政府高度重视，责成水利厅等有关业务主管部门，对各种可能解决的途径进行技术和经济论证。在提出的备选方案中，另找水源或从新丰江水库引水两个方案存在工程量大、投资高、工期长等缺点，因此首先遭到否决。另外，有方案提出保持现有供水系统，对石马河进行综合治理，或对现有输水系统进行局部改造，但这两个方案对解决水污染问题又不彻底，因此这两个方案也不适宜采用。

方案论证的结果，是立足现有基础，加建泵站以提升东深工程从东江抽水的能力。1998年初，广东省政府列专项，投资3.5亿元兴建东江太园泵站，1999年初建成运行，使东深供水工程抽水量增加到100立方米/秒。

对于水质问题，经多种方案优选论证，其根本出路也还是立足现有供水系统，利用东江太园泵站、雁田隧洞及深圳水库，对现有路线进行扩建、改线，即修建专用输水系统，实现清污分流。同时该方案可适当增加供水，以满足深圳西部地区严重缺水和沿线东莞市城镇经济发展的用水需求。最终选定的专用输水系统方案，从技术上可行，从经济上说也最为合理。至此，选择对现有东深供水工程进行改造的方案终于尘埃落定。

东深供水工程改造方案具体为：在东深供水三期扩建原有工程的基础上，新建供水泵站（莲湖、旗岭及金湖）3座，共装泵组24台，总装机容量104 000千瓦；新建110千伏输电线路58.1千米；改造110千伏及35千伏线路工程；新建10千伏线路51.9千米；改造上埔变电站工程、光缆敷设安

1999年1月25日—29日，东深供水改造工程可行性研究报告审查会在东莞市塘厦镇举行

装和计算机监控系统及附属工程；新建旗岭、樟洋、金湖3座U形薄壳渡槽，累计长度3.9千米；新建走马岗、观音山、笔架山、石山、窑坑、凤岗、沙湾7座无压输水隧洞，累计14.5千米；新建压力输水箱涵9座，累计长度6.788千米；新建凤凰岗—窑坑大型压力输水圆涵（双涵并列），全长3.33千米；新建无压输水明槽、箱涵及拱涵41座，累计13.04千米；扩建人工渠道9.1千米；新建工程沿线的分水工程共36项。

（二）投入巨额资金开展东深供水工程改造

东深供水改造工程于1998年10月批准工程立项，1999年8月批准可行性研究报告，1999年11月批准了初步设计。工程于2000年8月动工，2003年6月28日竣工，历时两年11个月。封闭管道从桥头直达深圳水库，全长51.7千米，年供水能力提高到24.23亿立方米，设计供水保证率为99%。总投资49亿元。

东深供水改造工程北起东莞市桥头镇的东江河畔，南至与香港接壤的深圳水库。建设采用隧道、涵管、渡槽等多种方式，使供水渠道与河道分离，保障取自东江的水在输送过程中不受污染，从而实现清污分流，改善

2000年8月28日，广东省东江—深圳供水改造工程开工仪式在东莞市塘厦镇举行

供水水质。

东深供水改造工程为Ⅰ等工程，主要建筑物为一级，次要建筑物为三级。主要建设内容包括3座供水泵站，3.9千米渡槽，14.5千米无压隧洞，9.9千米有压输水箱涵，10.4千米无压输水明槽、箱涵和涵洞，9.1千米人工渠道，以及36项分水工程建筑物。

2000年8月，广东省水利厅成立东深供水改造工程建设总指挥部。广东省水利厅厅长周日方任工程总指挥，副厅长彭泽英任工程常务副总指挥。

东深供水改造工程建设工地，规模浩大，工程全线共有100多个大型施工区，高峰期，施工人员达1万多人，主要施工设备1000多台（套）。来自全国各地的顶尖设计、科研、监理、施工人员在工程总指挥部的统一领导下，团结拼搏，联合攻关，以一流的管理、一流的施工、一流的监理、一流的材料设备供应，完成了“安全、优质、文明、高效的全国一流供水工程”总目标。2万多个单元工程合格率达100%，优良率达95.1%，整体质量国内一流，4项技术世界领先。所有泵组启动均是一次成功，水槽接缝无一泄漏。

实际投资47亿元的巨大工程，没有一名干部贪污腐败；征地拆迁涉及3000多户房屋、5000多亩地，没有一名群众上访；51.7千米的土建、隧洞施工，没有一起责任死亡事故。工程在建设中采用了多项世界领先的技术，探索出多方面宝贵经验，创造了多项世界之最。

东深供水改造工程——现浇预应力混凝土U形薄壳渡槽

东深供水改造工程——旗岭渡槽吊装

东深供水改造工程——渡槽拱肋施工

东深供水改造工程——金湖渡槽施工情况检查

东深供水改造工程——壮观的跨河道拱券

东深供水改造工程——莲湖泵站封顶仪式

东深供水改造工程建设凝聚着国家和广东省各级领导以及香港特区政府的关心与支持。工程开工以来，水利部和广东省的领导多次到工地视察，对这项粤港瞩目的工程给予极大的关注。

2000年12月30日，香港特别行政区行政长官董建华一行在广东省政府有关部门领导和东莞市领导的陪同下，视察东深供水改造工程施工工地

2002年1月23日，时任中共中央政治局委员、广东省委书记李长春，在副省长李容根和广东省水利厅厅长、东深改造工程总指挥周日方等陪同下，视察东深供水改造工程

2000年12月，香港特别行政区行政长官董建华亲临东深供水改造工程现场，对工程施工设计给予了高度评价。

2002年6月，香港特别行政区政府水务专业人员协会成员前来工地考察，赠予总指挥部“东江情深，水利港人，同饮东江，粤港共荣”的锦旗。①

2003年1月29日，全国人大常委会副委员长邹家华在深圳市人大常委会副主任袁汝稳、广东控股有限公司董事副总经理兼广东粤港供水有限公司董事长叶旭全、广东粤港供水有限公司总经理陈国儒和副总经理徐叶琴等陪同下，视察东深供水生物硝化处理工程

2003年6月28日，中共广东省委、广东省政府在东莞塘厦东深供水改造工程纪念园隆重举行广东省东江—深圳供水改造工程提前全线完工向香港特别行政区供水庆典仪式。广东省省长黄华华、省人大常委会主任卢钟鹤、香港特别行政区政务司司长曾荫权、水利部副部长索丽生、深圳市市委书记黄丽满、省政协副主席石安海，一起为工程向香港特别行政区供水剪彩、中共中央政治局委员、广东省委书记张德江按下泵组启动按钮。

同时，广东省委、广东省人民政府授予了东深供水改造工程建设总指挥部“模范工程建设指挥部”称号。广东省人民政府授予了东深供水改造工程“模范建设工程”称号。

① 薛歌，吴蕾．多情东深水——广东省东深供水工程建设回顾与管理纪略［N］．中国经济导报，2011-12-27（T08）．

2003年6月28日，广东省东江—深圳供水改造工程向香港特别行政区供水庆典仪式在东莞市塘厦镇举行

2003年9月14日，时任中共中央政治局常委曾庆红，全国政协副主席廖晖，在中共中央政治局委员、广东省委书记张德江，省长黄华华等陪同下，视察东深供水改造工程

2005年5月20日，全国人大常委会副委员长蒋正华和广东省人大常委会主任黄丽满，在深圳市副市长吕锐锋和广东粤港供水有限公司总经理徐叶琴等陪同下，视察东深供水生物硝化处理工程

三、粤港供水工程质量优秀、管理可靠

（一）粤港供水工程质量优秀

改建后的东深供水工程改名为粤港供水工程。工程累计投资76亿元，共建有1套相对独立的供电网络、6座泵站、1座生化站、2座电站和2座水库，线路工程包括隧洞、跨河渡槽和专用输水管道，以及多处水量分配管理站和调度中心等。

粤港供水工程围绕建设“安全、文明、优质、高效的全国一流供水工程”的总目标，在工程建设期间严格控制质量安全，大力开展科技创新与科技应用，成功实施了四项有国际先进水平的建设技术，创下了世界之最。

（1）高效优质地建成旗岭、樟洋、金湖三座现浇无黏结预应力混凝土U形薄壳渡槽。东深供水改造工程渡槽型式为拱式及简支梁式，过流90立方米/秒，内部净空尺寸7.0米×5.4米（宽×高），壁厚300毫米，累计长度3691米，在世界同类型渡槽中规模最大。

工程世界之最、同类型世界最大的现浇无黏结预应力混凝土U形薄壳渡槽（图为旗岭渡槽）

（2）高效优质建成3.4千米长现浇环形后张无黏结预应力混凝土地下埋管（直径4.8米），在世界同类型现浇无黏结预应力混凝土圆涵管中最大。

工程世界之最、同类型世界最大直径（4.8米）的现浇环形后张无黏结预应力混凝土地下埋管（图为地下埋管模型）

（3）旗岭、金湖泵站采用的液压式全调节立轴抽芯式斜流泵，水泵单机功率5000千瓦，流量16.7立方米/秒，扬程25米，在目前世界同类型斜流泵中最大。

工程世界之最、同类型世界最大的液压式全调节立轴抽芯式斜流泵

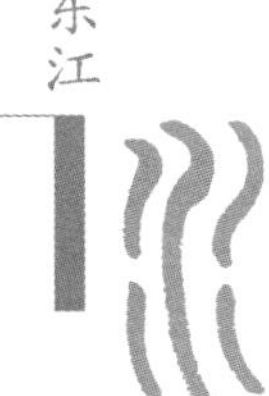

（4）成功开发应用具有国际先进水平的供水工程全线计算机自动化监控系统。整个供水系统通过计算机监控系统及自动化预报系统，保证专用输水线全线运行安全并实行自动化科学管理。在当前大型调水工程中无先例可循。

工程世界之最、采用世界最先进的自动化监控技术，实行少人值守

如今，粤港供水工程拥有先进完善的供水保障体系，是国家优秀大型供水工程。2003年度，荣获“广东省科学技术特等奖”“广东省模范建设工程”称号和“广东省优良样板工程”称号。2004年度，荣获“中国建筑工程鲁班奖”（国家优质工程）。2005年度，荣获“第五届詹天佑土木工程大奖”。2009年12月，东深供水改造工程荣获“中华人民共和国成立60周年经典工程”称号。

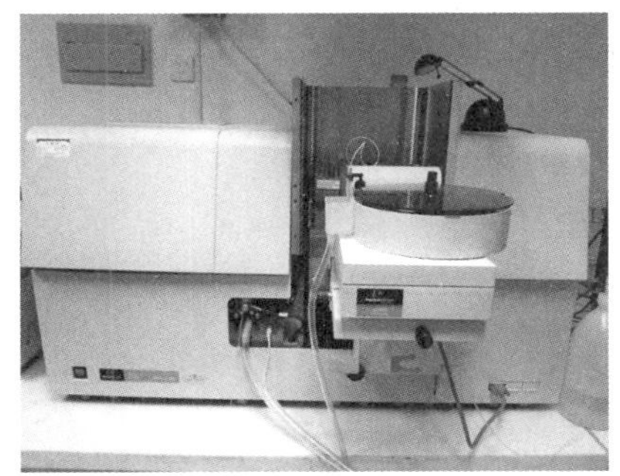

广东粤港供水有限公司水环境监测中心（国家级）先进科研仪器——原子吸收分光亮度仪

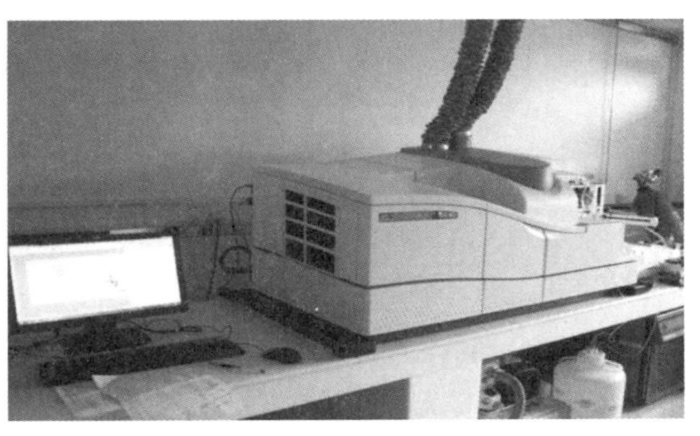

广东粤港供水有限公司水环境监测中心（国家级）先进科研仪器——电感耦合等离子体质谱仪

太园泵站进水闸

太园泵站位于广东省东莞市桥头镇，是东深供水工程第一泵站

金湖泵站

太园泵站机房

旗岭泵站

（二）粤港供水工程管理可靠

粤港供水工程是香港及工程沿线城市经济社会发展的生命线工程和民心工程。工程造福粤港两地人民，保障两地共同繁荣发展。

第一，粤港供水工程为维护香港的长期繁荣、稳定，促进经济不断发展功不可没。香港回归后，粤港供水工程为香港提供了优质稳定的水源，体现了祖国人民的深情厚意，促进了“一国两制”下粤港更紧密的合作。粤港供水工程现在每年对港供水达8亿多立方米，占香港淡水供应量近八成，是700多万香港同胞的“生命之源”。

第二，粤港供水工程促进深圳经济特区的发展。深圳是一个严重缺水的城市，供水来源主要依靠市外调水。在深圳东部水源工程未建成之前，主要靠东深供水工程供水。随着经济的高速发展，人口不断增加，城市供水需求日益增加。粤港供水工程1990年对深圳供水量仅为1.52亿立方米，2004年达5.27亿立方米，增长了246.71%。粤港供水工程保证了对深圳的供水，为改革开放后深圳经济发展保持较高的增长速度做出了应有的贡献。

第三，粤港供水工程加速了沿线农村通过工业化、城市化走向现代化的进程。东深供水工程经东莞、深圳两市12个镇（区），全程近百千米，在保证香港、深圳供水的同时，也为沿线乡镇造福。

第四，粤港供水工程确保城市防洪和人民群众生命财产安全。粤港供水工程充分利用现有的深圳和雁田两座中型水库的调蓄作用，为减轻下游城镇洪涝灾害的损失发挥了显著作用。

粤港供水工程是攸关香港、深圳和东莞沿线经济社会可持续发展的命脉设施，因此，搞好工程管理，确保安全运行，是长期发挥工程效益的关键。

所谓“三分建设，七分管理”，粤港供水工程建设完工后，负责粤港供水工程运作的广东粤港供水有限公司承担了日常运作管理的重任。肩负着粤港供水工程管理重任的供水公司，为实现“一流工程、一流技术、一流管理”的目标，团结一致，改革创新，建章立制，真抓实干，务求实效，促进了企业各项工作的全面开展。具体而言，一是加强制度流程建设，制定了调度、水工、机电管理、水质保护和安全生产等一系列规章制度，完善了配套的操作流程，促进了规范化管理。二是大力推广运用先进的管理理念、手段和方法，大胆引进新技术、新设备，全面提升企业管理水平和技术运用水平。三是加强人才培养，全面加强工程管理人员的现代化、信息化建设培养，大幅提升了工程管理的工作效率。四是加强安全生产，切实把安全生产作为一项基础性、全局性的重要工作，始终把员工生命安全放在首位，确保供水生产安全。

2006年7月28日，广东粤港供水有限公司获得深圳市环通认证中心颁发的ISO14001环境管理体系认证证书，成为全国首批获得此项认证的供水企业。

2008年12月18日，北京世标认证中心有限公司给广东粤港供水有限公司颁发ISO9001-2000质量管理体系、ISO14001-2004环境管理体系以及职业健康安全管理体系认证证书（GB/T28001-2001）。

2010年11月7—8日，香港特别行政区全国人大代表调研团一行20多人到访广东粤港供水有限公司，就供港水源——东江水的污染防治情况进行专题调研。调研团团长、全国人大代表袁武和全国人大代表范徐丽泰等亲眼见到了东深供水水源地的环境保护和供水系统的规范化、标准化管理后，对粤港供水工程为香港长期繁荣稳定做出的重大贡献表示衷心感谢，对香港供水水质倍感放心。

同年11月23—24日，香港水质事务咨询委员会代表团一行18人参观考察了粤港供水工程沿线，重点了解对香港供水水质情况。广东省水利厅党组成员、巡视员朱兆华会见了代表团，省供水工程管理总局局长周德蛟，供水公司总经理徐叶琴，助理总经理李文锋等领导陪同参观。代表团委员们对广东省各级政府部门和广东粤港供水有限公司为保障东深供水工程水质安全做出的努力给予了充分肯定和高度评价，认为公司确实做到了一流的管理，对工程和供香港水质感到安心。

2011年12月19日，经中国合格评定国家认可委员会（CNAS）专家组现场评审，广东粤港供水有限公司水环境监测中心通过了国家实验室认可评审，跻身全国前30家获得国家认可的专业水质检测机构。

风景秀丽的雁田水库

结　　语

东深供水改造工程的成功建设，是粤港两地资源共享、优势互补、共同发展的生动表现，对香港与广东及内地长期合作共赢，极具鼓舞和借鉴作用。

广东省政府一直重视东江水源的开发和保护，经过多年坚持不懈的努力，东江干流中上游水质长期稳定维持国家地面水Ⅰ~Ⅱ类水质（河源市江段为Ⅰ类水质，惠州市江段为Ⅱ类水质），满足饮用水源水质要求，是目前广东省主要江河中水质最好的河流之一。在此背景下，随着2003年6月东深供水改造工程全线通水，供香港水质有了明显改善，各主要污染指标大幅下降。2004年第一季度，供香港水中的氨氮、五日生化需氧量与2003年同比分别下降了80%和45%。

东深供水工程完成改造后，可向香港年供水11亿立方米；向深圳供水增加3.8亿立方米，达8.73亿立方米；向东莞增加供水量2.5亿立方米，达4亿立方米。根据供水协议，每年向香港供水334天，每日24小时均匀供水；向深圳市和沿线东莞城乡供水350天。主要供水类型为生活及工业用水，输水沿线农田用水仅占总量的4%。在停水检修期间，供水来源由深圳水库及其他小水库调节提供。

东深供水工程自建成以来发挥了巨大的社会效益和经济效益，为香港的长期繁荣稳定、深圳及东莞沿线的快速发展做出了重大贡献。东江水因此被誉为“政治水”“经济水”“生命水”。东深供水工程为香港提供了稳定可靠的水源，从而长远有效地解决了香港的水荒问题，因此被称为“香港居民的生命线”。香港同胞赞誉东江水为“幸福水”，赞誉东深供水工程是香港最大的“保险公司”。

长期以来，广东省委、省政府一直高度重视对香港的供水工作，广东省水利厅、供水单位一直把管理好对香港供水工作作为工作的重中之重，把保证对香港供水安全当作全面贯彻落实中央“一国两制”政策的政治任务来抓。

东深供水工程保质保量对香港供水，供水量从2001年的7.3亿立方米增加到2011年的8.2亿立方米。香港的国民生产总值也从2002年的12 598亿港元增加到2011年的17 481亿港元，平均年增长为7.2%。香港的人口从2002年的676万人增加到2011年的710万人。

2001—2011年，东深供水工程累计对深圳的供水量为82.5亿立方米，其中，2011年，对深圳供水量已达9.7亿立方米，为保障深圳经济社会持续健康发展，发挥了举足轻重的作用，取得显著的社会效益。2001年深圳常住人口469万人，国内生产总值1955亿元。2011年深圳常住人口1047万人，国内生产总值11 506亿元，其生产总值比2001年增长了将近6倍。

2001—2011年，工程累计对东莞供水37.7亿立方米，为保障东莞沿线8镇（桥头、常平、樟木头、谢岗、黄江、塘厦、清溪、凤岗）经济社会持续健康发展，发挥了重要作用。2001年，8镇户籍人口24万人，外来人口142万人，国内生产总值170亿元。2011年，户籍人口29万人，外来人口158万人，国内生产总值已达932亿元，比2001年增长了将近4.5倍。

综上所述，东深供水工程的建设缘起香港，历史悠久。其自1965年3月1日开始向香港供水至今已50余年，中间历经三次扩建及一次改造，建设期长达19年，充分显示了中央政府对保证香港繁荣稳定的不懈努力和坚定支持。50多年来，供香港的东江水实现了安全供水保质保量，度过7次严重干旱，久经考验，在香港的供水发展史上书写了一部振奋人心的篇章。可以说，东深供水工程是内地人民与香港同胞血浓于水的见证，是内地与香港紧密联系的命脉。

香港水务署官员在接受新闻媒体采访时多次指出，香港能有今天的发展，东江水是一个非常重要的因素，如果没有源源不断的供水，香港的发展历史便可能要改写了。“没有东深供水工程，就没有香港今天的繁荣”，很多香港知名人士都曾这样动情地评价东深供水工程。英国前首相撒切尔夫人在回忆录中谈到香港问题时，认为东深供水工程是促进香港繁荣和保障香港同胞生存的特殊工程。①

东深供水工程犹如一座丰碑，见证了香港的繁荣稳定，见证了祖国内地的蓬勃发展。香港和祖国同根同源，水乳交融，就像这东江之水源源不

① 薛歌，吴蕾. 多情东深水——广东省东深供水工程建设回顾与管理纪略［N］. 中国经济导报，2011-12-27（T08）.

绝，生生不息，繁荣昌盛。

“清清的东江水，日夜向南流……东江的水，是祖国引去的泉，你是同胞酿成的美酒，一醉几千秋。”如今，这首歌已随着东江水流进香港的大街小巷，家家户户，并将在香港的土地上世代传唱。

第四章 同饮东江水，共护东江水

东江是广东省重要的饮用水源，担负着流域内以及深圳、香港和广州东部广大地区约4000万人口生活与生产供水任务。流域内江西、广东两省一直都高度重视东江源生态环境和东江干支流水质的保护，将其作为“政治水”“经济水”“生命水”，用最严格的法律法规、管理制度和监管措施进行保护。

川流不息的东江水供给香港已经50余年，早已成为东江沿线地区和香港的生命之源和生存之柱，为促进内地和香港的经济繁荣和民生安定做出了巨大的贡献。

热爱东江水，保护东江水，已经是内地和香港共同的愿望和目标。

如今，随着东江流域城镇化率的提高，上、下游经济发展的不平衡，流域内水土资源更加紧张，供水增加必然带来废污水增加，东江水资源开发利用程度已经接近红线，水环境、水生态脆弱敏感，在这种情况下，切实保护好东江水，保障香港和珠江三角洲城市群的供水安全显得尤其任重而道远。从更大的视野来看，在当今全球气候变暖、灾害性气象事件频发的背景下，东江流域水资源环境的治理、开发、保护和管理，将是一个长期、复杂而艰巨的任务。

第一节　依法科学治水，共育绿色东江

一、健全流域法律法规和规章制度

我国一直在努力将水资源的保护和管理纳入法治化的轨道。自20世纪80年代以来，中央和广东省政府出台了系列法律法规及规章制度，形成了较完善的流域法律治理体系。

（一）国家层面的流域法律法规

以《中华人民共和国水法》（以下简称《水法》）为龙头，《中华人民共和国防洪法》《中华人民共和国水土保持法》（以下简称《水土保持法》）和《中华人民共和国水污染防治法》（以下简称《水污染防治法》）共同构成了我国现有的水资源管理法规体系。

水资源属于国家所有，国家执行流域管理与行政区域管理相结合的管理体制。

《水法》第三十二条规定："国务院水行政主管部门会同国务院环境保护行政主管部门、有关部门和有关省、自治区、直辖市人民政府，按照流域综合规划、水资源保护规划和经济社会发展要求，拟定国家确定的重要江河、湖泊的水功能区划，报国务院批准。跨省、自治区、直辖市的其他江河、湖泊的水功能区划，由有关流域管理机构会同江河、湖泊所在地的省、自治区、直辖市人民政府水行政主管部门、环境保护行政主管部门和其他有关部门拟定，分别经有关省、自治区、直辖市人民政府审查提出意见后，由国务院水行政主管部门会同国务院环境保护行政主管部门审核，报国务院或者其授权的部门批准。"

《水污染防治法》第九条规定："县级以上人民政府水行政、国土资源、卫生、建设、农业、渔业等部门以及重要江河、湖泊的流域水资源保护机构，在各自的职责范围内，对有关水污染防治实施监督管理。"

国家层面的水法规，赋予了水利部门和环保部门不同的职责。在供水方面，水利部门主要职责是负责水资源的开发、利用和调度以及水资源的保护，维持江河合理流量和湖泊、水库以及地下水的合理水位，维护水体的自然净化能力，保障供水水量和水质安全。环保部门主要职责是水污染的预防、治理，保证水环境的质量。

1. 《水法》中有关水资源管理的法律规定

《水法》建立了若干项具体的水资源管理制度，即水资源战略规划制度，重要江河、湖泊的水功能区划制度，饮用水水源保护区制度，河道采砂许可制度，水资源的宏观调配制度，用水总量控制与定额管理相结合的制度，取水许可制度和有偿使用制度，等等。

2. 《水污染防治法》中有关水资源管理的法律规定

《水污染防治法》制定了水污染防治的监督管理制度。具体包括流域水污染防治规划制度，建设项目水环境影响评价制度，防治水污染设施"三同时"制度，排污申报登记制度，排污收费制度，重点污染物排放总量控制制度及排污削减核定制度，城市污水集中处理及收费制度，饮用水水源、地表水源保护区制度，落后生产工艺设备淘汰制度，限期治理和现场检查制度等。

3. 《水土保持法》中关于水资源管理的法律规定

《水土保持法》是预防和治理水土流失，减轻水、旱、风沙灾害，改善生态环境的立法。国家对水土保持工作实行预防为主、全面规划、综合防治、因地制宜、加强管理、注重效益的方针。实行水土保护规划制度、划定水土流失防治区域制度、建设项目环境影响评价制度、水土保持设施"三同时"制度，建立水土流失综合防治体系，按照谁承包治理谁受益的原则实行水土流失治理承包制度，建立水土保持监测制度及防治水土流失现场检查制度。

综上所述，国家水法规体系体现了水资源管理法律制度从排放控制发展到生产控制，从末端控制发展到末端控制与源头控制相结合，从单一性要求发展到综合性要求，只有这样才能有效地从根本上起到保护流域水资源的作用。

（二）广东省、东江流域各市地方流域法律法规和部门规章

据不完全统计，广东省对东江流域及东深供水工程沿线水资源保护颁布和制定的有18个，其他适用于东江流域水资源保护的法规和规章有17个，合计为35个。具体有《广东省东江水系水质保护条例》《东深供水工程饮用水源水质保护规定》《广东省东江水系水质保护经费使用管理办法》《广东省人民政府关于进一步加强东江水质保护工作的意见》《广东省东江流域水资源分配方案》《广东省东江西江北江韩江流域水资源管理条例》《广东省东江流域新丰江枫树坝白盆珠水库库区水资源保护办法》《广东省东深供水工程管理办法》《广东省东江水量调度管理办法》《关于严格限制东江流域水污染项目建设进一步做好东江水质保护工作的通知》《广东省珠江三角洲水质保护条例》《广东省跨行政区域河流交接断面水质保护管理条例》《广东省建设项目环境保护管理条例》《广东省实施〈中华人民共和国水法〉办法》《广东省环境保护规划》《珠江三角洲环境保护规划》《广东省人民政府关于加强水污染防治工作的通知》《广东省最严格水资源管理制度实施方案》《广东省实行最严格水资源管理制度考核办法》《惠州市东江水质保护管理规定》《惠州市最严格水资源管理制度实施方案》《惠州市实行最严格水资源管理制度考核暂行办法》《东莞市最严格水资源管理制度实施方案》《东莞市实行最严格水资源管理制度考核暂行办法》《关于东江水环境综合整治绩效评价及奖惩的意见》《河源市东江水环境综合整治工作指引》《河源市最严格水资源管理制度实施方案》《河源市实行最严格水资源管理制度考核办法》《河源市〈南粤水更清行动计划（2013—2020年）〉实施方案》《关于加强万绿湖集雨区环境

保护管理的意见》《关于加强新丰江枫树坝水库及入库支流水质保护的通知》《深圳水库水质管理暂行规定》《深圳市饮用水源保护区管理规定》《深圳经济特区环境保护条例》《深圳经济特区饮用水源保护条例》。

上述法规和规章数量之多，内容之丰富，涵盖面之广，可以说为保护好东江这条母亲河提供了充分的理论依据。

二、合理高效的组织管理体系

东江流域东深供水水资源管理和保护，由水资源行政主管部门和环境保护行政主管部门共同构建了合理、高效的组织管理体系。

从组织管理体系而言，广东省人民政府设置了广东省东深水质保护工作领导小组，流域内市、县人民政府东深水质保护工作领导小组，广东省环境保护厅环境监察分局东江监察局，广东省东江流域管理局，深圳市东深水源保护办公室和深圳市公安局东深分局等各级机构组成的合理高效的水资源保障体系。[①]

高效的水资源组织管理体系，为管好东江水提供了基本保障。

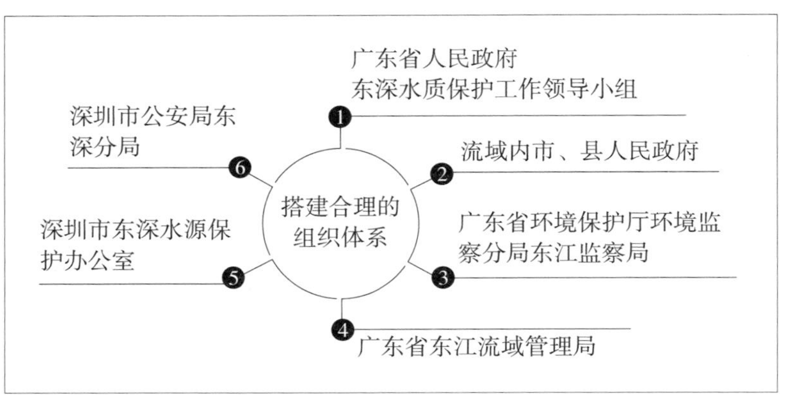

东江流域东深供水水资源管理组织体系

① 广东省水利厅，广东省环境保护厅．科学治水——共育绿色东江[R]．2017.

三、严格的水资源管理措施

围绕水功能区的划分，东江流域实施最严格的水资源管理措施。

（一）水资源分区管理

东江流域水功能区分为一级区和二级区。一级水功能区包括保护区、保留区、缓冲区和开发利用区。二级水功能区包括饮用水源区、工业用水区、农业用水区、渔业用水区、景观娱乐用水区、过渡区和排污控制区。

2011年，国务院批复了《全国重要江河湖泊水功能区划（2011—2030年）》，东江流域共划定水功能一级区30个，长度1192.4千米。其中缓冲区3个，长度48千米；保护区7个，长度351.9千米；保留区7个，长度488千米；开发利用区13个，长度304.5千米。[①]

东江水功能区的划分，为管理、保护好东江水，提供了基本依据和细致的目标。

东江流域水功能区分省统计情况见表4-1。[②]

① 广东省水利厅，广东省环境保护厅. 科学治水——共育绿色东江［R］. 2017：.

② 水利部水资源司，水利部水利水电规划设计总院. 全国重要江河湖泊水功能区划手册［M］. 北京：中国水利水电出版社，2013：295-296.

表4–1　东江流域国家重要水功能区一览表

序号	编号	省级行政区	地级行政区	水功能区		水系	河流湖库	范围		长度/km	水质目标
				一级水功能区	二级水功能区			起始断面	终止断面		
1	国2484	江西省	赣州市	寻乌水源头水保护区	—	东江	寻乌水	源头（椏髻钵山）	寻乌澄江镇	29.0	Ⅱ
2	国2485	江西省	赣州市	寻乌水寻乌保留区	—	东江	寻乌水	寻乌澄江镇	赣、粤省界上游10 km	62.5	Ⅲ
3	国2486	江西省、广东省	赣州市、河源市	寻乌水赣粤缓冲区	—	东江	寻乌水	赣、粤省界上游10 km	赣、粤省界下游10 km	20.0	Ⅲ
4	国2487	广东省	河源市	东江干流龙川保留区	—	东江	东江	赣、粤省界下游10 km	赤光镇合河坝	72.0	Ⅱ
5	国2488	广东省	河源市	东江干流佗城保护区	—	东江	东江	赤光镇合河坝	佗城镇	65.0	Ⅱ
6	国2489	广东省	河源市	东江干流河源保留区	—	东江	东江	佗城镇	仙塘镇黄沙	71.0	Ⅱ
7	国2490	广东省	河源市	东江干流河源开发利用区	东江干流古竹饮用、农业用水区	东江	东江	仙塘镇黄沙	紫金古竹江口	31.0	Ⅱ
8	国2491	广东省	惠州市	东江干流博罗、惠阳保留区	—	东江	东江	紫金古竹江口	惠阳横沥	75.0	Ⅱ
9	国2492	广东省	惠州市	东江干流惠阳、惠州、博罗开发利用区	东江干流惠州饮用、农业用水区	东江	东江	惠阳横沥	博罗	47.5	Ⅱ
10	国2493	广东省	惠州市	东江干流博罗、潼湖缓冲区	—	东江	东江	博罗	惠阳潼湖	8.0	Ⅱ

（续表）

序号	编号	省级行政区	地级行政区	水功能区		水系	河流湖库	范围		长度/km	水质目标
				一级水功能区	二级水功能区			起始断面	终止断面		
11	国2494	广东省	惠州市	东深供水水源地保护区	—	东江	东江	惠阳潼湖	太园泵站以下500 m	11.5	Ⅱ
12	国2495	广东省	东莞市	东江干流石龙开发利用区	东江干流石龙饮用、农业用水区	东江	东江	太园泵站以下500 m	东莞石龙桥	35.0	Ⅱ
13	国2496	广东省	东莞市、深圳市	东深供水渠保护区	—	东江	东江	东莞桥头镇	深圳水库	83.0	Ⅱ
14	国2497	江西省	赣州市	定南水源头水保护区	—	东江	定南水	源头（三百山镇）	安远县镇岗乡	31.5	Ⅱ
15	国2498	江西省	赣州市	定南水定南保留区	—	东江	定南水	安远县镇岗乡	赣、粤省界上游10 km	49.5	Ⅲ
16	国2499	江西省、广东省	赣州市、河源市	定南水赣粤缓冲区	—	东江	定南水	赣、粤省界上游10 km	赣、粤省界下游10 km	20.0	Ⅲ
17	国2500	广东省	河源市	定南水龙川保留区	—	东江	定南水	赣、粤省界下游10 km	枫树坝水库库尾	15.0	Ⅱ
18	国2501	广东省	河源市	新丰江源头水保护区	—	东江	新丰江	源头	新丰江水库大坝	105.9	Ⅱ
19	国2502	广东省	河源市	新丰江源城开发利用区	新丰江源城饮用、农业用水区	东江	新丰江	新丰江水库大坝	源城镇东江入口	9.0	Ⅱ
20	国2503	广东省	东莞市	东江北干流开发利用区	东江北干流新塘饮用、渔业用水区	珠江三角洲	东江北干流	东莞石龙	东莞大盛	42.0	Ⅱ
21	国2504	广东省	东莞市	东江南支流开发利用区	东江南支流万江饮用、农业用水区	珠江三角洲	东江南支流	东莞石龙	东莞万江	15.0	Ⅱ

（续表）

序号	编号	省级行政区	地级行政区	水功能区		水系	河流湖库	范围		长度/km	水质目标
				一级水功能区	二级水功能区			起始断面	终止断面		
22	国2505	广东省	东莞市	东莞水道开发利用区	东莞水道桂枝洲工业、农业用水区	珠江三角洲	东莞水道	东莞万江	东莞桂枝洲	18.0	Ⅲ
23	国2506	广东省	东莞市	厚街水道开发利用区	厚街水道企山头工业、农业用水区	珠江三角洲	厚街水道	东莞万江	东莞企山头	18.0	Ⅲ
24	国2507	广东省	东莞市	中堂水道开发利用区	中堂水道中堂饮用、农业用水区	珠江三角洲	中堂水道	东莞鹤田厦	东莞糖厂	13.0	Ⅱ
25	国2508	广东省	东莞市	倒运海水道开发利用区	倒运海水道饮用、农业用水区	珠江三角洲	倒运海水道	东莞斗朗	东莞角尾村	18.0	Ⅱ
26	国2509	广东省	东莞市	麻涌水道开发利用区	麻涌水道麻涌工业、农业用水区	珠江三角洲	麻涌水道	东莞蒲基	东莞西贝沙	12.0	Ⅳ
27	国2510	广东省	东莞市	洪屋涡水道开发利用区	洪屋涡水道沙田工业用水区	珠江三角洲	洪屋涡水道	东莞小东向	东莞南新洲	21.0	Ⅳ
28	国2511	广东省	河源市、广州市	增江源头水保护区	—	珠江三角洲	增江	新丰七星岭	天堂山水库坝址	26.0	Ⅱ
29	国2512	广东省	广州市	增江增城保留区	—	珠江三角洲	增江	天堂山水库坝址	荔城	143.0	Ⅱ
30	国2513	广东省	广州市	增江增城开发利用区	增江三江饮用、农业用水区	珠江三角洲	增江	荔城	观海口	25.0	Ⅲ

（二）科学合理分配水资源

广东省人民政府于2008年8月颁布《广东省东江流域水资源分配方案》，按照流域管理相互协调的原则，对东江流域的水资源实行全年统一调度配置，确定了东江水资源开发利用的红线，不超过33%。提出了重要断面水量水质双控制目标，科学分配受水各地市及香港的取水量指标。[①]为保障香港和各地的用水，提供了具体的科学依据。

表4–2　正常来水年（90%保证率）水量分配　　（单位：$10^8 m^3$）

地区	农业分水量	工业、生活分水量	总分水量
梅州	0.2	0.06	0.26
河源	12.2	5.43	17.63
韶关	0.98	0.24	1.22
惠州东江流域	13.79	8.89	22.68
大亚湾、稔平半岛调水	0	2.65	2.65
小计	13.79	11.54	25.33
东莞	1.92	19.03	20.95
广州增城市	4.2	3.89	8.09
广州东部取水	0	5.53	5.53
小计	4.2	9.42	13.62
深圳	0.27	16.63	16.63
东深香港供水	0	11	11
合计	33.56	73.08	106.64

表4–3　特枯来水年（95%保证率）水量分配　　（单位：$10^8 m^3$）

地区	农业分水量	工业、生活分水量	总分水量
梅州	0.17	0.05	0.22
河源	11.72	5.43	17.06
韶关	0.89	0.24	1.13
惠州东江流域	12.89	8.66	21.55

① 广东省水利厅，广东省环境保护厅．科学治水——共育绿色东江K［R］．2017.

（续表）

地区	农业分水量	工业、生活分水量	总分水量
大亚湾、稔平半岛调水	0	2.5	2.5
小计	12.89	11.16	24.05
东莞	0.71	18.73	19.44
广州增城市	3.91	3.54	7.45
广州东部取水	0	5.4	5.4
小计	3.91	8.94	12.85
深圳	0.17	15.91	16.08
东深香港供水	0	11	11
合计	30.46	71.37	101.83

表4–4　重要控制断面最小下泄流量和水质控制目标

重要控制断面名称	断面地点	交接关系	最小下泄流量/（$m^3\cdot s^{-1}$）	水质控制目标
枫树坝水库坝下	龙川枫树坝	枫树坝水库出库	30	Ⅱ类
江口	紫金古竹镇	河源惠州交接	270	Ⅱ类
东岸	东莞市桥头镇	惠州东莞交接	320	Ⅱ类
下矶角	惠州廉福地	东深供水取水口	290	Ⅱ类
石龙桥	东莞石龙镇	东莞广州交接	208	Ⅱ类
新丰江出口	河源源城区	新丰江东江入口	150	Ⅱ类
东新桥	惠州惠城区	西枝江东江入口	40	Ⅳ类
西湖村	惠阳秋长镇	淡水河深圳惠州交接	—	Ⅳ类
上垟	宝安坪山镇	淡水河深圳惠州交接	—	Ⅳ类
九龙潭	惠州市龙门县	惠州广州交接	20	Ⅱ类
观海口	广州增城市	增江东江北干流入口	10	Ⅲ类

备注：西湖村和上垟断面仅为水质控制断面

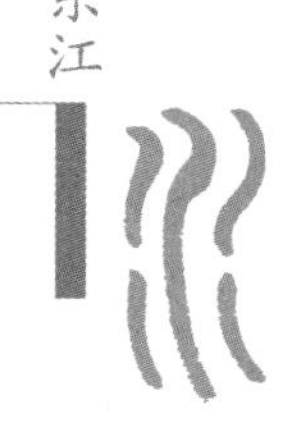

东江流域是全国实施最严格水资源管理的地区，也是广东省率先实施流域分水方案的试验区。分水方案颁布后，流域内的各市根据所分配的水量和水质要求，以水定需，量水定产，纷纷限制高耗水和高污染产业，调整产业结构，引发节水革命，用水量连年上升的势头得到初步遏制。

河源市严格执行《限制高耗水项目目录及淘汰落后的高耗水工艺和高

耗水设备目录》的有关规定，结合产业结构调整，通过限制高耗水项目，淘汰落后的高耗水工艺和高耗水设备，积极推广节水新技术、新工艺、新设备。

惠州市根据水资源分配指标，制定惠州市水资源分配方案，将指标分解到各县区，对用水量进行限制，对于新上项目必须考核用水量。惠州市为贯彻落实分水方案，鼓励节约用水，实行更具人性化，深受市民欢迎的少用水、有折扣地阶梯式计量水价。按照该收费模式，每户每月用水量25立方米以下部分，按基本水价收费，如果用水量低于18立方米以下（含），则将按基本水价的90%计收水费。用水量超25立方米以上，则高于基本价收费。

东莞市按照分水方案的要求，开展全市水资源分配工作，制定镇、街水量分配控制目标，并配套出台相应的监督和管理制度。同时，东莞市还抓紧制定东莞市用水定额及管理办法，积极推进和指导啤酒制造、造纸、纺织等高耗水行业的节水技术升级改造，发布了啤酒、造纸两个行业取用水定额地区联盟标准。特别针对造纸行业进行整治，按照“五个必须”要求，对造纸企业进行全面整改，即废水回用率必须达到80%以上，废水处理必须采用“化学+生物”处理工艺，配套锅炉必须建设脱硫设施，必须配套建设在线监测（监控）系统，必须实行清洁生产，建立健全造纸行业长效管理机制。现经整改保留的95家造纸企业废水回用率基本达到80%以上。同时，以高于国家标准要求，关闭年产量5万吨以下的小造纸厂。

（三）实施水资源节约保护和宣传

1. 水资源节约保护

广东每年安排省级水资源节约保护专项资金支持东江流域各市县开展水资源节约和保护相关工作，东江流域内的深圳、东莞市被纳入全国节水型社会建设试点。2012年，深圳市被授予“全国节水型社会建设示范市”称号。

相关各地市节水措施与投入：河源市源城区、东源县分别制定了2011

年度、2012年度高效节水灌溉工程计划，并实施完毕，效益明显。其中源城区高效节水灌溉建设概算总投资2097.19万元，完成项目区内农田喷灌391万平方米；东源县小型农田水利高效节水工程总投资共2117.56万元，完成新增高效节水灌溉面积800万平方米。

东莞配套节约用水各项政策，通过落实水价改革制度，开展农业节水和高耗水行业节水示范单位建设，实施计划用水管理等措施，推进节水型社会建设。

惠州灌区节水改造主要为现状灌区工程和高效节水工程，3333万平方米以上的重点节水改造工程有4宗，分别为花树下水库灌区、龙平渠灌区、显岗水库灌区和联合水库灌区。①

2. 水资源节约保护宣传

东江流域各市高度重视水资源节约与保护方面宣传工作。每年以“世界水日”“中国水周”为契机，开展一系列宣传活动。

2011年3月，以“广东省节约用水办公室”名义制作《节约用水宣传手册》并派发社会各单位和个人。

2015年3月，在《南方日报》开辟“问水广东”专栏，分别以节约用水、水资源保护、河道保护与治理为主题，对广东省水资源管理保护和河道保护治理成效进行了专题系列报道。专题还以法规速读形式摘要宣传了《广东省实施〈中华人民共和国水法〉办法》的主要内容。利用国家最严格水资源管理制度考核，水资源公报发布等契机，在电视、网络、报纸等媒体对相关工作进行了专题报道，引起了广泛关注。

2016年3月，以“爱水惜水护水，建设美好家园”为主题，组织开展相关宣传活动。②

（四）严格环境执法监管

2011年至今，共出动执法人员69.1万人次，检查流域企业26.6万人

① 广东省水利厅，广东省环境保护厅. 科学治水——共育绿色东江［R］. 2017.

② 同①.

次，立案处罚21 361家，处罚金额达7.5亿元。[①]

广东省一直重视东江环保工作，惠州市曾整治东江航段上的超载砂船以保障水质。图为惠州执法人员在检查砂船

四、水资源水量水质监控监测网络

环保部门、水利部门同时在东江流域建有水质自动监测站，实时监测东江流域水质。与此同时，在东江流域建设东江水资源水量水质监控系统，对跨市河流控制断面、支流汇入干流的控制断面、控制性水库出库断面等实施水量水质监控，实现环保、水利数据共享。

1999年实施《广东省地表水环境功能区划（试行方案）》，明确了东江干流及主要支流的使用功能和水质控制目标。

2013年印发《关于在东江流域深化实施最严格水资源管理制度的工作方案》，有效地推进流域水资源管理。

目前，东江流域已建成较为完善的水质监控网络。在东江流域共设有144个水质监测断面（包括各市自己设置的断面），共监测56条河流和29个湖库，东江干流和大部分支流的水质得到监控。

2014年1月，东江水量水质监控中心实体环境建成，项目总投资9885万元，其中信息系统建设项目为5398万元。系统覆盖干流及主要支流的

① 广东省水利厅，广东省环境保护厅. 科学治水——共育绿色东江［R］. 2017.

55个主要监控对象建立实时信息采集设施，包括：①新丰江、枫树坝、白盆珠三大控制性水库的水位、蓄水量、出入库流量、库区雨量、运行工况视频。②11个重要控制断面的水文数据、视频实况。含6个市界断面、2个水库出口断面、2个支流汇入断面和1个调水断面。③12个梯级电站的闸上闸下水位、流量、视频实况。④19个重要取水口的取水量、水质、视频实况。

同时，根据流域水资源统一管理需求，充分整合利用相关信息资源，全面掌握东江水资源动态，主要内容有：从广东省水文局接入水文数据站点400个，咸潮站4个；从东莞接入水质自动监测数据站点2个、互补共建站点1个；从广东省水利厅、惠州三防、东莞三防接入水利工程视频图像200多路。

在东江流域水量水质监控中心，建成了现代化的网络数据中心机房；监控中心计算机网络与流域内各市水务局、水文局实现互联互通，与全省电子政务网、全省乃至全国水利信息网互联互通；装备了大屏幕显示设备的监控室和会商室，为全流域水资源实时监控和异地会商提供了环境支持；完善了东江水资源水量水质监控系统，开发了一整套功能丰富、运转高效、使用灵活、操作简单的业务软件，包括综合监视预警、水量调度管

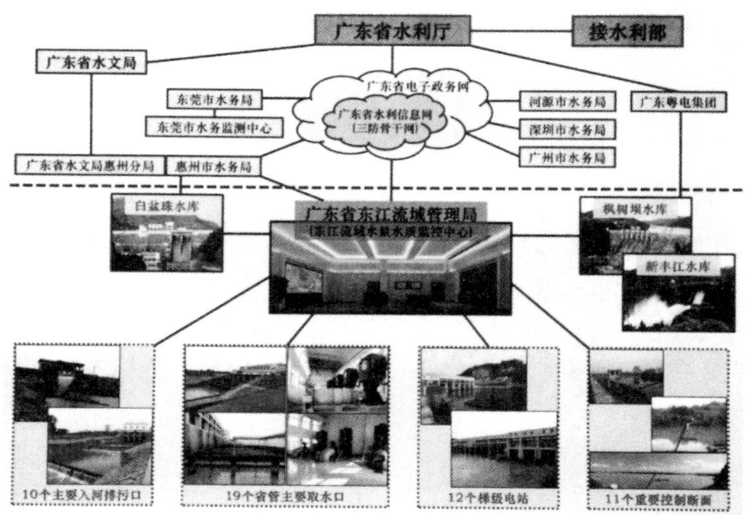

广东省东江水资源水量水质监控系统构成图

理、水质监测分析、3条红线管理、综合信息服务五大业务子系统。[①]

广东在东江流域建成全国首个水质水量双监控系统，为东江流域水量调度，保障对香港供水安全发挥重要作用

东深供水工程实行24小时智能调度。图为粤港供水总调度室

万绿湖环保分局的监测人员在检测水质

① 广东省水利厅，广东省环境保护厅. 科学治水——共育绿色东江［R］. 2017.

五、建立粤港供水安全运行保障体系

（一）工程保障体系

东深供水工程，北起东江，南到深圳河，由68千米专用输水管线、6座泵站、2座电站、2套独立电网、2座调节水库和1座生物硝化站等建筑物组成。

工程采用箱涵、渡槽和隧洞等专用输水管道，从根本上解决了输水过程中的水质污染问题。同时，专用输水系统多采用敞开式设计，水在输送过程中能充分接受阳光照射，水质生态得到有效调节，水活性显著增强。

工程采用双电源、双回路、不共塔供电方案，确保电力不间断供应。每座泵站均装备两台备用机组，确保供水不间断。深圳设立工程主用调度中心，东莞塘厦金湖泵站设立紧急备用调度中心，确保特殊情况下的调度运行。通信系统设置为一天一地双光纤，确保工程信息全天候畅通。建立国家级水环境监测中心：导入ISO17025国际标准体系；获得CNAS（中国合格评定国家认可委）实验室认可证书；引入国际领先的实验室管理信息系统（LIMS）；获认可能力达280项，覆盖地表水、生活饮用水和污水三大质量标准的大部分指标。

（二）应急保障体系

制定《东深供水工程水质安全保障与应急处置方案》，统筹处置东深供水工程取水河段、输水系统、雁田水库和深圳水库水质安全事件。在省突发事件应急委员会框架下建立东深供水工程水质安全事件领导协调机制，日常工作由广东省环保厅承担。①

① 广东省水利厅，广东省环境保护厅. 科学治水——共育绿色东江［R］. 2017.

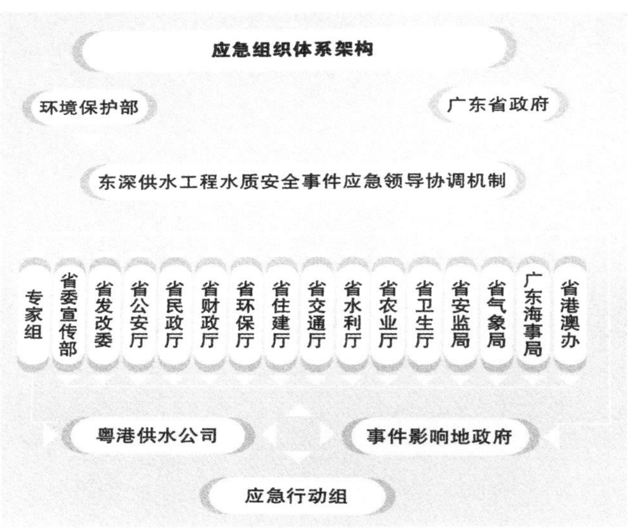

东深供水工程水质安全事件应急组织体系框架

河道巡查人员在深圳梧桐山河沿岸巡查

广东粤港供水有限公司水环境监测中心的技术人员正在对水质进行检测

停水检修期间，工作人员在金湖渡槽内部检查供水设施

第二节　东江水资源的保护

一、守护东江清水长流

（一）一线的坚守

为了确保东江沿线地区和香港地区人民用水水量和安全，江西省、广东省和香港特区政府一道，在供水水量、水质和水生态等诸多方面做出了不懈的努力。

2015年3月7日，在十二届全国人大三次会议香港代表团的讨论中，中央联办主任张晓明作了《怎样认识香港与内地的经济关系》的发言。他说："在长达50多年的时间里……（东江沿途城市）千方百计保护着一江清水向港流。沿江当地政府沿着水库修筑十几千米的防护林，对库区实行全封闭管理，武警边防官兵30多年来一天两次巡逻，有关部门每天对供港水质进行检测。"

对于东江沿线的部门和百姓来说，保障这条"供港生命线"的水量水质，是一项重大长期的国家政治任务，对此，他们从未懈怠。50多年来，这条生命之水从未因设备问题中断，从未发生过安全事故，其水质一直稳定保持在国家II类水源标准以上。

东江沿线各地为东江流域的水质保护做出了巨大的努力和牺牲，为保障东深供水工程的水质，进行了持续数十年的跨区域治污之战。广东省为东江污染防治出台的有关政策法规达到35部之多，治理标准中“最严厉”“最严格”等字样频繁出现。广东省环境保护厅东江监察局、东江流域管理局、深圳市东深水源保护办公室等机构，是专为保障东深供水工程水质而设的部门。深圳市还专门成立了东深公安分局，在渡槽、泵站等重要地段进行巡视。

2009 年，河源环保局组建万绿湖环境监测分局，强化库区水质保障。万绿湖（即新丰江水库）位于广东省北部山区，它是东深工程最大的“水塔”，香港居民每喝3杯水中就有1杯源自万绿湖。

2015 年 2 月某日清晨，天微微亮，有些阴冷，万绿湖分局副局长赖劲松已经登上了巡逻艇，开始了一天的监查工作。赖劲松介绍，5年来他们每周都要对这片 370平方千米的库区进行两次巡逻。巡逻的时候，早上7点就要出发，最迟要到晚上11时才能靠岸。沿途没有饭馆，饿了只能吃饼干、泡面。夏天阳光曝晒，冬天寒风刺骨，巡逻艇不能靠近取水口，队员们就搬出皮划艇划进去。多年来，万绿湖已经形成一套完善的水环境保护和常态化的严格执法机制。用香港居民的话说，这里的水质“冇得弹”。

深圳市公安局东深分局的武警专为供水工程驻守，数十年来专注于保障对香港供水安全，从来没有中断过。据广东省水利厅供水工程管理总局局长周德蛟回忆，20世纪90年代，东莞约每星期停电一次，但供水工程从不停电。东深供水改造工程投入大，都有两重保障措施，线路、调动中心、通信均有备用，这在全国的水利工程中是少有的。除停水期30天以外，全年保持供水。

广东粤港供水有限公司为了保障好供香港的水量水质而尽心尽力，

不敢有丝毫懈怠。该公司副总经理黄振盈说：“安全供水的背后是‘东深人’在工程管理、运营、维护方面付出的大量心血。”为了保证无间断地安全供水，公司建立了一套先进的管理系统以及严格的管理制度。东深供水工程沿线80多千米，机组开机停机操作全部在深圳调度中心完成，沿线计量全自动，可做到无人值班，机组的效率是十分高的。东深供水工程调度中心则实行五班三倒、双人值班、24小时无间断监控。公司成立了专门的护水队，全力保护工程安全。还为供香港的水专门设立水质化验中心，投资几千万元，共有300多个化验项目。公司每天监测水质，水质高于国家饮用水Ⅱ类标准。这在全国的水利系统中处于领先地位。[①]

（二）世代护水甘清贫

近年来，随着香港与内地各领域、各方面的交流合作日益密切，一些偶发的、个体性的摩擦难以避免。

关于东江水供港问题也出现了争议。有人指出香港对东江沿岸的百姓不必言谢，因为水是香港每年花30多亿元买来的。有人认为，内地在通过东江水挣香港居民的钱，因为给香港开出的水价比内地高出了许多倍。

对此，广东省政协港区委员张均华认为，东江水是不能简单地用金钱来衡量的，饮水当思源。他说：“东深供水的优质水资源不是有钱就能买到的，香港要是不懂得珍惜，想要珍惜的城市多的是，谁都不差这个钱。”

东深供水工程初建时，国家财力十分紧张，加之中苏关系恶化，外部环境极其险恶，但正处内外交困的党中央和政府并没有放弃香港同胞，而是承担了设计、施工以及全部费用。

据广东粤港供水有限公司董事长徐叶琴介绍，20世纪80年代香港经济腾飞，并于90年代进入高速发展轨道，每年要求广东增加1000万～3000万立方米的供水量，为了满足香港需求，东深供水工程进行了4次大规模扩建、改造，累计耗资76亿元。

---

① 徐阳．一江清水　两地情——纪念东江济水香港50周年［J］．绿色中国，2015（6）：56-61.

每年内地政府都会出巨资对东江水进行保护，而香港由于不属于东江流域，从未缴纳过任何环保费用。

东江水是“政治水”，即便深圳、东莞缺水，也要确保香港供水分毫不少。徐叶琴说，每次碰巧遇上东深工程机组检修，停水1小时，深圳市政府就得承受很大压力。为了保证香港用水，深圳、东莞等地的用水就必须受到限制，深圳和东莞政府甚至因此挨了市民的骂。

此外，徐叶琴亦透露，深圳、东莞等地用水受到影响和一些限制，但经济发展需要大量水资源供给，因此正考虑从西江取水。为了保障香港的用水量，广东省的牺牲、投入是不可想象的。

与保证水量相比，水质保障的代价更大。

溯江北上，在东江的源头，江西省寻乌县境内，东江源村直到今天依然不富裕，2014年村民的人均收入不到2400元。然而，这座村庄依然默默坚守着封山禁令，为保护生态，全县严格控制果业开发，引导柑橘果农改种阔叶植物和小山竹。

韶关市新丰县是广东的重点扶贫县，20世纪90年代曾名噪一时的新丰造纸厂就在距离新丰江不到2千米的地方。当年，在粤北小县城平均工资才400多元的时候，厂长的月薪就已超过2000元。然而，这家为县财政带来巨大收益的造纸厂，却因每天至少排放6000吨工业污水而在1997年元旦前夕被关闭。

这些年来，新丰县拒接了几十个涉及水的大项目，关停了160多家企业。新丰县县委书记陈俊林认为，为官一任，一定要有“功成不必在我”的肚量。一位当地官员说：“一个家也好，一个国家也好，总要有人吃亏，总要有人受委屈。”

广州市政协港区委员、香港中国商会创会会长陈丹丹对于东深供水工程一直关注有加。她回忆道，几年前有日本商人拟投资10亿元与河源市（万绿湖所在地）合资兴建年产量30万吨的亚洲最大的纸浆厂，每年可使河源市增加30亿元的产值和6亿元的税收。然而，这个工业总产值只有25

亿、全广东最贫困的地级市为了保护东江水质，毅然拒绝了这个合作项目。“香港与内地50年‘共饮一江水’，真是苦了沿线百姓啊”，陈丹丹感慨万分。

河源市政府为保护东深供水工程的水源地新丰江水库，忍痛叫停了3条已经开建的库区公路，关闭了新丰江水泥厂（直接导致该厂400多名职工下岗失业，并背负2000多万元的债务），转而采取投资更大、耗时更长的移民措施，就是为了防止“路通林毁水污染”。河源市水务局副局长赖寿雄说，尽管经济并不发达，但河源近年来已拒绝了500多个可能产生污染的工业项目，累计投资额超过 600亿元。

根据2006年的数据，河源市新丰江水库邻近的居民中仍有20多万人生活在贫穷线之下。库区新港镇的一位居委会主任介绍，该镇近九成居民是来自新丰江水库附近6个镇的移民，人均每月收入1000 元左右，大多数人都靠低保生活。

叶伟义今年51岁，是小镇上的水库移民的二代，他和妻子靠打散工维持生计，每月加起来大概能赚2000多元，勉强养活两个小孩和92岁的老太太。2012年2月，河源发生4.8级地震，叶家的房子出现了裂痕，至今仍然没有钱修复。

由于农业、养殖业、天然林采伐在库区被绝对禁止，镇上大部分人都和叶伟义一样，靠做点小买卖或者打散工维生，景区的游客是最大的顾主。叶伟义希望，光顾万绿湖的游客能更多一些。①

站在山上眺望，整个万绿湖库区满目青碧，在延绵青山的包围中，360多个岛屿星罗棋布，宛如大海。原始美丽的景致，十分适合搞高端休闲度假项目，从而吸引高水平消费。然而在库区，高端旅游业的发展被严格限制。近年来，新丰江林业管理局先后撤消了燃油小快艇、伏鹿岛、奇松岛、水上机动船游等多个可能造成生态破坏的娱乐产业项目。

---

① 徐阳．一江清水　两地情——纪念东江济水香港50周年［J］．绿色中国，2015（6）：56-61.

回忆供水历史，徐叶琴感慨万分，半个世纪以来，有些香港居民对于内地牺牲自身发展，来保证香港用水的感恩之心已经在慢慢地减弱了。虽不要求知恩图报，但希望人们记得这段历史，不应当以怨报德。

半个多世纪里，东江沿线城市屡屡忍痛放弃牵涉多方利益的发展项目、城市活动，持续不断地努力，保护东江清水长流，多年来紧紧维系着这条联结内地与香港的生命与情感纽带。

二、东江水资源的治理

在中国快速工业化的进程中，社会经济发展与环境保护的矛盾日益凸显，不少河流、水源遭到污染，水质变差。东江流域也不例外，自20世纪70年代末改革开放以来，东江流域沿线城市，特别是深圳、东莞等地工业迅猛发展，环境污染也随之不同程度地加重了。河源、惠州等上游城市也渴望加速发展，但在经济发展和环境保护之间，选择了环境保护优先的发展路径。在这个过程中，上游源头地区牺牲了发展的速度，以至于在改革开放后40年的今天，部分地方经济依然相当落后。

赣南寻乌、定南、安远三县所处的东江源区平均每年流入东江的水约为29.2亿立方米，占东江平均径流量的10.4%。[①]为了保护东江源头的绿水青山，政府划定生态红线，东江源区寻乌、定南、安远三县采取封山、造林、退果、关矿等措施。据统计，“十二五”以来，东江源区三县累计关停和搬迁企业2540家。在广东境内，东江流域进行了持续数十年的环保之战。仅广东省级层面为东深供水工程和东江流域制定的法律法规就达13项，治理标准中“最严厉”“最严格”等字样频繁出现。[②]

土地资源紧张的深圳为深圳水库划出了5333万平方米保护区。深圳水

① 新华社. 泛珠三角跨区域合作保护“绿色珠江”[N]. 南方都市报，2017-10-16（A06）.

② 同①.

库所在地罗湖区耗费数年，将流入水库的梧桐山河从杂草丛生、垃圾遍地的露天排污水道变成鲜花盛开、水道整齐的亲水公园。①

东江流域各市投入巨大的人力、物力、财力来保护和修复流域水土资源生态环境，治污减污和监管监察从未放松。为客观反映和体现东江流域及供港水质状况、变化趋势以及水污染防治工作绩效，广东省建立了完善的监测分析评价方法体系。目前，广东省于东江流域开展监测的断面有赣粤省界断面2个、省控水环境质量断面28个、水污染监控断面18个。监测项目为《地表水环境质量标准》（GB3838-2002）中规定的24个项目（含总氮），评价指标为除水温、总氮、粪大肠菌群以外的21项指标。

依托流域沿线各地政府部门和社会公众的支持，供香港的东江水水质在东深改造工程完工后，一直维持在国家标准Ⅱ类水标准。根据2006—2015年的东江水质监测结果，东江干流三个断面（河源段、惠州段、东莞段）及东江北干流水质总体保持优良（Ⅰ~Ⅲ类），优良率达100%。东江河源段水质优，水质保持在Ⅰ~Ⅱ类，惠州段以Ⅱ~Ⅲ类水质为主，东莞段以Ⅱ类水质为主。靠近东深供水公司太园抽水站的东岸断面，2006—2015年水质为优，达到Ⅱ类控制目标。

广东粤海供水有限公司总经理谭奇峰说，近年东江流域加强了源头治理力度，从城市到乡镇，再到农村，污水处理大范围铺开，源头上的污染源明显降低。②

（一）水土流失治理

广东省一直积极推动东江流域的水土流失防治工作，采取人工治理与生态修复相结合的办法，有效遏制了东江流域的水土流失，流域内生态环境进一步改善。

《广东省水土保持规划（2016—2030）》将东江流域纳入国家级和省

① 新华社. 泛珠三角跨区域合作保护“绿色珠江”［N］. 南方都市报，2017-10-16（A06）.

② 同①.

级的重点防治区，加大对东江流域自然水土流失的治理力度。与此同时，积极引导农民调整产业结构，落实管护责任，促进生态自我修复。开展替代能源的推广，解决农村群众薪柴问题，从源头上杜绝对林草的乱砍滥伐行为，使环境生态得到改善，植被覆盖率大幅度提高。

水利部门在广东省范围开展了小流域综合治理工作，其中在东江流域累计实施综合治理项目21个。

林业部门启动了东江上游水源涵养林建设，加大生态公益林建设力度，涵养水源和保土保水，提升水源涵养林生态效益。截至2016年，流域内生态公益林建设面积4000平方千米，累计投入资金4.8亿元，从而使东江上游原来荒芜的水土流失严重区域的入河泥沙大为减少，生态环境得到有效恢复，东江流域的水质得到有效改善。

2012—2016年，东江流域共治理水土流失面积958平方千米，其中种植水保林120平方千米，种植经果林53平方千米，种草28平方千米，封禁治理683平方千米，其他措施治理74平方千米。①

（二）持续的流域综合整治

为保证东江水质，广东省全力开展东江流域综合整治工作，采取铁腕手段，通过严格控制东江流域涉水项目建设，狠抓关键支流综合整治，加快污水处理设施建设，加大畜禽养殖污染治理，加强生态公益林建设等多种措施持续推进东江流域的综合整治，并取得阶段性的成果。

2011年以来，流域内河源、惠州、东莞、广州、深圳五市共拒批涉水重污染项目约7000个，淘汰重污染企业1336家。流域内河源、惠州、东莞、广州、深圳五市整治河涌225条（段），整治河道长1900多千米，投入资金90多亿元。其中，深圳沙湾河综合整治工程进行精细化推进，致力恢复河道生态多样化，改善水质。

① 广东省水利厅，广东省环境保护厅. 科学治水——共育绿色东江［R］. 2017.

惠州东江公园，面积11.95万平方米，东江北岸从东江大桥至惠博沿江路接口，长约2.02千米，宽约30～50米的河岸带生态修复工程，为东江再添靓丽的滨江景观

东莞“一河两岸”滨江景观

惠州镜河筛月桥河段

截至2016年底，流域内已建成污水处理设施142座，日处理能力924.8万吨，占全省污水处理能力的40%，累计建成污水管网约6000千米。

石马河桥头调污工程现场

东深供水工程生物硝化站

广东河源城南污水处理厂成为保护水质稳定的“东江屏障”

2011年以来，流域内河源、惠州、东莞、广州、深圳五市共清理非法畜禽养殖场约1.9万家，生猪160多万头。[①]

惠深联合清理插花地非法养殖场

（三）不断加大资金投入力度

中央、广东省及东江流域各市高度重视东江水质保护，各级财政部门通过设立专项资金，投入资金支持相关治污工程，申请国家重点扶持资金的方式，不断加大东江水质保护的资金投入力度。

广东省财政设立东江水质保护专项资金，每年安排4000多万元用于支持东江中上游水质保护工作。

2012—2015年，广东省财政共投入31亿元，支持包括东江流域在内的污水处理设施及配套管网建设、农村环境综合整治等工作。

2011年以来，河源、惠州、东莞、广州、深圳五市累计投入约420亿元，用于污水、垃圾处理等水环境治理工作。

中央将新丰江水库列入国家重点支持的15个湖库，东江流域列入国家第一批两个国土江河综合整治试点之一，东江上游河源龙川、连平、和平三县被列为国家重点生态功能区，分别获得国家约6亿元、7.4亿元、2.6亿

① 广东省水利厅，广东省环境保护厅．科学治水——共育绿色东江［R］．2017.

元，共计16亿元的资金支持。[①]

第三节　江西东江源区的水资源保护

一、东江源区生态环境现状

东江源区位于江西、广东两省接壤的边陲，介于东经114° 47′ 36″ ~115° 52′ 36″，北纬24° 20′ 30″ ~25° 12′ 18″ 之间，东西宽110千米，南北长95.5千米，流域近似扇形，面积约5094平方千米。其中，江西境内东江源区面积约3502平方千米，占东江流域总面积约10%。该区域属于东江流域的源河地区，故简称东江源区。

东江源区水资源丰富，是以水源涵养为主的特殊生态功能区域，主要河流为东江主源寻乌水和支流定南水。

东江源区由于自然条件和历史等多种原因，经济发展比较缓慢，主要支柱产业为矿业开采、果树种植和畜禽养殖。早期，由于生产力水平较低，粗放式经济发展使得生态环境受到一定的破坏，水土流失依然严峻，生态环境不容乐观。

20世纪80年代中期，江西省实行了“十年绿化赣南”的重大举措，使森林覆盖率得到提高，到90年代中期，东江源区荒山治理栽种率达到97%，森林覆盖率达到75%，生态环境有明显好转，水源涵养能力也得到很大的提高。然而，随着农业经济的集约化发展，近年来，生态环境又面临着新的考验。目前，东江源区的植被覆盖率为69%，水源涵养能力总体尚好，但还有提高的潜力。

寻乌水和定南水中下游是特殊的崩岗地貌，稀土和钨等矿业开采和果

① 广东省水利厅，广东省环境保护厅．科学治水——共育绿色东江［R］．2017.

业种植极易引起水土流失，规模化畜禽养殖等容易带来面源污染，分散的农村生活垃圾和生活污水如果处理不当，会引起农村面源污染，库区规模化网箱养殖容易带来内源污染等，这些都会造成局部水域或局部河段水质下降。目前，整个东江源的水功能区达标率在75%以上，总体良好，但在寻乌水中游城区河段和支流定南水的水质略差。

二、强化管理，综合治理

由于东江源出境河流水质直接关系到下游广东东江干支流的水质，同时东江源区的水生态系统健康，也是保证东江水质环境优良的关键。因此，国家各部委、江西省赣州市及东江源区各县一直高度重视，为此做了大量的工作。

2003年8月1日，江西省人民代表大会常务委员会颁布了《关于加强东江源区生态环境保护和建设的决定》。9月29日，安远县人民政府印发了《东江源区生态环境保护和建设实施方案》，为了改变定南水的水质状况，安远县为此关闭了周边所有污染企业，有效减少了企业废水排污量。

2004年2月29日，江西省政府批准了省环保局《关于加强东江源区生态环境保护和建设的实施方案》，分别对源区保护面积、水资源、森林资源、生态环境、水土保持等提出了总体目标和具体的实施措施和步骤。

同年7月14日，在泛珠江三角洲“9+2”区域合作会议上，江西省环保局提出的“推动建立流域生态利益共享机制”倡议，得到了与会各方的认同与积极响应，并写入《泛珠三角区域环境保护合作协议》，经各地政府同意，于2005年1月正式签署。

2005年4月，全国政协常委陈邦柱、国家环境保护总局副局长汪纪戎就建立生态补偿机制前往江西东江源区进行调研。6月10日，东江源生态建设和保护项目正式启动。

2007年，国家环保总局将《东江源国家级生态功能保护区规划》列入

《国家级重点生态功能保护区和自然保护区首批建设项目》，并得到国家发改委的大力支持。

同年7月，江西省水利厅完成了《江西省地表水（环境）功能区划》的编制工作，进一步加强源区的水资源管理，实施取水和排污许可制度，规范水资源开发利用，同时为开展建设项目的环境影响评价提供了重要依据。

2009年和2011年，江西省政府分别印发了《关于设立“五河一湖”及东江源头保护区的通知》和《关于将定南县部分区域增列为东江源头保护区范围的通知》。明确了东江源头保护区的范围，划定东江源的面积达816.07平方千米，占江西省境内东江源流域面积的13.60%，涉及安远、寻乌、定南三县及10个乡（镇）。

2009年，江西省政府印发《关于加强“五河一湖”及东江源环境保护的若干意见》，明确指出应尽快制定“五河一湖”及东江源头环境保护区考核办法，将生态环境保护成效、主要污染物减排、环境质量、环保投入和能力建设等作为重要考核指标，并列为地方政府和有关部门政绩考核的内容。江西省政府每年安排一定数量的资金，对生态环境保护成效显著的地区进行奖励，对做出突出贡献的个人和单位予以奖励。同时，制定了自然资源与环境有偿使用政策，对资源受益者征收资源开发利用费和生态环境补偿费。

由此可见，由于东江源区的特殊地位，其生态保护已引起各级政府的重视与支持。近年，东江源区的生态环境保护和水资源管理的法律法规体系已经成型，并取得一定的成效。2004年以来，政府对东江源保护区实施退果还林、退耕还林和生态移民，将保护区内的原住民全部迁移到城镇安家落户，开展了生态公益林建设，提高水源涵养能力。同时还在项目引进上设置了生态保护门槛，放弃了一些投资项目，尤其是停止了采矿权审批，停产整顿现有矿业等一系列举措，以保护东江源生态环境。

在“东江第一瀑”旁的石壁上，刻有
全国政协原副主席叶选平题写的“东江源”

第四节　广东河源水资源保护

一、生态环境状况

东江流域广东河源段的生态环境总体较好，森林覆盖率在74%以上，但商品林（速生桉）多，生态林少，水源涵养能力仍然不太高。近年来，广东省的产业政策要求改造布局不合理的速生林，禁止新增桉树种植面积，生态环境开始向更好的方向发展。

河源是广东重要的农业生产基地，由于部分沿江分布的县或乡镇的污水处理能力不足，农业、农村生活、乡镇企业等分散的农村面源污染物排入河道，崩岗地貌等造成的水土流失也有发生，造成入库支流如灯塔河、下林河、双田村河等的水质受到一定影响。目前东江河源水源地水质达标率为100%，河流水功能区水质达标率70%以上，总体良好。未来随着治理力度的加强，水质还会有进一步的提高。

二、强化管理，综合治理

（一）水环境综合整治

1993年以来，为防治工业污染，东江上中游各地关、停、搬迁污染企业139家，拆除非法采选矿厂30多家，限期治理污染企业130多家。整治第三产业对水体污染，东江上中游各地关闭60多家沿江大排档和水上餐馆，取消了新丰江水库105艘游艇，关闭库区可能造成水质污染的3个旅游点和8处网箱养殖项目。

河源市《关于东江水环境综合整治绩效评价及奖惩的意见》（以下简称《意见》），被称为当地史上最严的环保考核办法。文件规定："划定水功能区的地表水以划定功能类别为考核标准，对未划定水功能区的地表水水质要保持在Ⅲ类标准以上。Ⅲ类标准以下的水质要确保不再恶化，并逐年得到改善，至2016年底，东江集雨面积大于100平方千米的支流及主要河流水质要常年保持在地表水Ⅲ类标准以上。全市东江集雨面积大于100平方千米的支流以及对东江水质影响较大的支流，共50条，全部纳入考核监测对象。从2015年起，对考核河流地表水水质未达到水质保护目标或未得到改善的，将会作出相关处罚。若产生对水环境综合整治工作不力，甚至造成水环境质量下降的事件时，河源分管环保工作的县区各级官员及相关责任人都要接受停职检查或者建议调整工作岗位。"

2015—2016年，河源市政府每年对目前为Ⅳ类水质的每条河流拨付30万元专项整治资金，对目前为Ⅴ类或劣Ⅴ类水质的每条河流拨付50万元专项整治资金。

河源市委、市政府将按年度对考核河流所在县区实行奖励，考核河流地表水水质对比上年维持在Ⅰ类、Ⅱ类及Ⅲ类标准的，市政府将予以每条河流10万元的奖励。同时，在水质监测和督查期间，河面、河边无垃圾堆积现象的，市政府将予以每条河流5万元的奖励，作为河流清洁维护资金。

《意见》还规定，从2015年起，对考核河流地表水水质未达到水质保护目标或未得到改善的，对比上年度维持在Ⅳ类的，被考核河流所在县（区）政府上缴60万元专项整治资金；对比上年度维持在Ⅴ类或劣Ⅴ类的，被考核河流所在县（区）政府上缴100万元专项整治资金。考核河流地表水水质恶化，每降低一个标准的，被考核河流所在县（区）政府上缴30万元专项整治资金。在水质监测和督查期间，河道及沿岸垃圾堆积现象严重，造成水质污染或影响环境美观的，市政府将根据现场录像和照片反映污染情况，被考核河流所在各县（区）政府上缴5万～10万元的专项整治资金。

《意见》规定，凡是对水环境综合整治工作不力，甚至造成水环境质量下降的，市委、市政府将以通报批评、诫勉谈话、停职检查、调整工作岗位等方式对县区（含高新区管委会）及相关责任人进行责任追究。具体办法是：辖区内有20%以上（含20%）、30%以下考核监测对象上缴整治资金的，在全市范围内进行通报批评，对分管环保副县（区）长进行诫勉谈话；辖区内有30%以上（含30%）、40%以下考核监测对象上缴整治资金的，对县（区）分管环保副县（区）长停职检查，对县（区）长进行诫勉谈话；辖区内有40%以上（含40%）、50%以下考核监测对象上缴整治资金的，对县（区）分管环保副县（区）长调整工作岗位，对县（区）长进行停职检查，建议对县（区）委书记诫勉谈话；辖区内有50%以上（含50%）、60%以下考核监测对象上缴整治资金的，对县（区）长调整工作岗位，建议对县（区）委书记进行停职检查；辖区内有60%以上（含60%）考核监测对象上缴整治资金的，建议对县（区）委书记调整工作岗位。

（二）水资源管理和保护

2013年，河源市政府出台了《河源市最严格水资源管理制度实施方案》和《河源市实行最严格水资源管理制度考核细则》，确立了实行以“用水总量控制、用水效率控制、水功能区限制纳污”三项控制指标为主要内容的水资源严格管理制度。

2016年4月，河源市政府正式印发了《河源市实行最严格水资源管理制度考核办法》，确定了2016—2030年用水总量控制指标和2016—2020年用水效率控制指标、水功能区限制纳污指标。

河源市政府成立了由分管副市长任组长，市直有关单位主要负责人为成员的河源市最严格水资源管理考核工作领导小组，下设办公室在市水务局，由局长任办公室主任，2015年2月，河源市水务局新增设立了水资源管理科，负责日常水资源管理工作。

河源市政府对辖区6个县区的水资源管理工作每年进行严格考核。2012—2015年，经广东省政府考核，河源市在实施最严格水资源管理中，各项考核指标达标，均获得良好档次。

河源市共划分了39个地表水功能区一级区，其中河流水功能区22个，水库水功能区17个。划分市区和县城饮用水源保护区13个，乡镇集中式饮用水源保护区98个。对水功能区和水源保护区竖碑立界，明确在饮用水源保护区内严禁建设与供水设施无关的各类项目，禁止在一级水源保护区内设立新的排污口。

2012—2015年，广东省抽查考核的水功能区达标率100%，其中新丰江水库水质达到地表水Ⅰ类标准，东江干流河源交水惠州断面水质常年保持在地表水Ⅱ类标准。

近年来，河源市突出抓好东江新丰江、枫树坝两大水库水资源联合调度工作，保证东江干流河源交水断面（博罗观音阁）处河道流量不少于320立方米/秒，水质不低于地表水Ⅱ类标准，保障了东江中下游地区用水需求。

此外，河源积极创建水生态文明城市，加强山区中小河流综合治理、灌区节水改造、东江中上游水土流失治理、中小河流水系连通治理、废污水综合治理等。2011—2014年，政府共投入1.43亿元对4条小流域进行了综合治理，投入1.94亿元对54处中小型灌区进行了节水改造。

政府规划2015—2020年投入33.58亿元，对全市111条中小河流1673.8千米河道进行“三清一护”（清障、清违、清淤和护岸）综合治理，改善河流生态。2015年已经完成28处46个河段的治理工作，完成总投资8.972亿元，治理总河长449.76千米。废污水治理成绩显著，全市共有7个产业工业园区，每个县市1个，工业全部进园区，废污水全部经处理达标后排放。县城以上污水处理设施完善，中心镇污水处理设施建设也已基本完成，乡镇建设污水处理厂要求2020年全部完成。

河源政府对水资源的治理方案、治理手段及治理投入一定会让未来的东江水质向着更好的方向前行。

美丽的万绿湖，周围树林密布

东江上游河源市新丰江段水质常年保持Ⅰ～Ⅱ类

河源源城区埔前河

河源涧头洋潭柠檬基地高效节水

河源东源县久社河小流域治理前后对比

河源源城区埔前河治理成效

第五节　深圳水库及东深流域水资源保护

一、城市污水治理

从20世纪80年代中期开始，深圳市城市污水排放量以年均10%～15%的速度递增。1995年，全市城市污水排放量达到5亿多吨，2000年逾7亿吨，占废污水排放总量的85%以上，成为威胁河流和水库最主要的污染源。

在此背景下，加快建设城市污水处理设施，提高污水处理率，成为当务之急。1983—1999年，政府先后投资逾200亿元，建成蛇口、滨河、布吉、罗芳、平湖五座污水处理厂和深圳市污水排海工程。2000年，横岗、观澜、龙田三座污水处理厂，沙田人工湿地处理工程、观澜河水污染治理应急工程和深圳水库污水截排工程等开始动工建设。2000年，城市污水日处理能力为119.6万吨，处理率达54%。①

---

① 深圳市地方志编纂委员会. 深圳市志：基础建设卷［M］. 北京：方志出版社，2014：874.

二、深圳水库流域水资源保护

深圳水库是深圳、香港两地的主要饮用水源，是东深供水工程最后一座调节水库，水库及其引水渠流域面积60.5平方千米，总库容5101万立方米。广东省政府划定了深圳水库水源保护区，一级保护区面积7.40平方千米，二级保护区面积51.58平方千米，保护区禁止建设一切污染项目。[①]

20世纪80年代后期，深圳水库流域内经济发展，人口快速增加，水质污染开始加重。90年代开始，政府加强水源保护区环境保护执法、监督和管理，整治一大批污染企业，并投入巨资加大截污治污力度，建设流域生态环境。目前，水库水质优良，水库大坝以上保护区内是郁郁葱葱、枝繁叶茂的森林，坝下是市民休闲、娱乐、健身的绿色生态公园。

（一）水源保护区管理

1984年8月，深圳市人民政府颁布《深圳水库水源水质保护区暂行管理规定》。

1986年8月，深圳市宝安县（现宝安区）沙湾地区水源保护委员会办公室成立，开展沙湾地区企业排污管理、垃圾收集管理、小型建设项目环境影响审批等环境管理工作。

1993年，深圳市成立沙湾地区水源保护办公室（以下简称沙湾水源办），撤销原来的宝安县沙湾地区水源保护委员会办公室。沙湾水源办随即开展东深供水流域内416家工业污染源的普查登记工作，摸清水源保护区的工业污染状况：搬迁电镀、印染5家污染严重的企业，对28家污染企业实行限期治理。

1994年，对东深流域深圳辖区企业的自备发电机油污染进行整治，完成202家有“跑、冒、滴、漏”油污染的企业限期整改。整治后，深圳水库水质油污染指数有所下降。同时，每年会同城管、国土、公安等部门和

---

① 深圳市地方志编纂委员会. 深圳市志：基础建设卷［M］. 北京：方志出版社，2014：882.

东深供水局开展水源保护区内违章建筑、违章养殖场以及“三无”人员的清查工作。

1995年2月，深圳市制定《工业污染源监督管理制度》，对23家工业污染源企业实施排污许可证制度，东深流域深圳辖区内的工业污染源开始得到有效监控。同年，深圳市环保部门在水源保护区十个自然村分别建设垃圾收集示范点，制定生活垃圾收集与管理制度。沙湾水源办与当地市政部门和村委会配合做好垃圾收集清运工作，每年在雨季来临前定期组织检查，基本做到深圳水库流域垃圾日产日清，水源的污染大幅减少。

1996年8月，在水库一级水源保护区开展界线定位测量和界碑工程建设工作，竖立界碑、界桩437个，法规告示牌31块，强化了水源保护区管理。

1997年，环保局、公安交管局联合发出通知，从当年10月1日起，在水库一级水源保护区范围内的东湖宾馆至沙湾检查站路段实行交通管制，限制货运机动车通过，以避免装载化学危险物品的车辆发生事故导致水库水体污染。是年，进入水库岸边的车流量由每日11 000余辆减至4000辆，未发生一起因交通事故而导致水源污染的事件。

1998—1999年，环保部门对东深流域进行综合治理，对1400家用油企业进行全面检查，发出整改通知书120份，完成336家企业的油污染整治工作。同时，加大流域内水土流失污染整治力度，对流域内的19家砖厂依法下达关闭决定书，解决了遗留多年的问题。

2000年，继续实施大望村工业企业的搬迁计划，共拆除一级水源保护区内的空置工业厂房3773平方米。在东深供水渠（深圳段）沿线各主要路口及其支流等显眼位置安装“保护饮用水源，人人有责”等宣传牌507块，以提高广大群众的水源保护意识。市政府还发布《关于禁止在东深供水流域违章养猪的通知》，彻底消除东深供水流域违章养猪带来的污染隐患。

1994—2000年，深圳市在东深供水渠沿岸、观澜河流域等水源保护区共组织清理行动50多次，拆除违章建筑、违章养殖场80多万平方米，清理生猪20多万头，清走“三无”人员1000多人。据测算，此项工作削减了水源保护区内50%的地面污染负荷。[①]

（二）污染治理工程建设

1986—1987年，深圳市建成樟树布和沙西排污泵站，将沙湾地区16平方千米范围内的污水截流抽排至布吉河排放，抽排量每日5000吨。

1990年6月，建成全国首个人工湿地污水处理系统——平湖镇白泥坑人工湿地污水处理系统，占地8400平方米，处理污水每日3100吨。

1993年8月，樟树布和沙西排污泵站排污工程扩建，工程投资2100万元，于1995年2月竣工投入运行，其污水抽排能力由原每日0.5万吨提高到2.5万吨。

1994年初，建成白泥坑污水处理厂，其污水处理量每日4800吨。

1995年10月，完成沙湾排污泵站配套收集管网改造工程，解决了沙湾地区排污管网不健全、管道破损问题。

1996年，环保部门在大望村建设两套微型生活污水处理装置，处理该村8000多人的生活污水。同年12月，深圳市政府颁布《关于加强环境保护工作的决定》，要求在水源保护区全面推广微型生活污水处理装置。1996—1998年，东深流域深圳辖区内建成微型生活污水处理装置55套，污水处理量每日3034吨。

1997年11月，大望村污水截排工程动工建设，工程总投资2775万元，于1999年7月建成投入使用，将该村每天1.1万吨的生活污水截排至水库流域外。[②]

1998年1月5日，深圳水库生物硝化工程动工兴建，总投资2.8亿元，12月28日建成并投入使用。工程设计日处理水量400万立方米，在目前世界上同类工程中规模最大。对源水氨氮去除率达75%以上，其他各项水质

① 深圳市地方志编纂委员会. 深圳市志：基础建设卷［M］. 北京：方志出版社，2014：882-883.

② 同①833.

指标也有明显降解。[①]

工程采用生物接触氧化工艺，零添加，天然无副作用，是当前一种主流、日益成熟的水处理生物技术，具有操作简单、处理效果稳定等特点。

1998年8月，平湖污水处理厂一期工程动工建设，工程总投资8000万元，其污水处理量每日3万立方米，于翌年底建成投入运行。

2001年4月，沙湾河污水截排工程动工建设，这是保证和改善深圳水库水质的关键工程，也是东深供水改造工程的重要组成部分之一，更是保护深港两地数千万人民的“大水缸”安全的重要屏障。该工程包括沙湾河水闸、污水通道、延芳路顶管及附属工程，总控制流域面积47.2平方千米，总投资约4.5亿元，于2003年11月建成投入运行。

2016年12月，沙湾河流域水环境综合整治工程动工。

沙湾河流域位于深圳龙岗区，属于深圳水库二级水源保护区范围，流域面积（沙湾水闸以上）26.1平方千米，干流全长10.5千米。沙湾河流域水环境综合整治工程，总投资6.4亿元，整治内容包括河道防洪达标、水质改善及生态景观修复，全长13.77千米河道整治。新建污水收集处理系统（铺设沿河截污管及污水转输压力管）及1300米应急溢流管，提高埔地吓污水处理厂污水处理能力（日处理能力由5万吨提高到10万吨），实现旱季污水100%截流，超过截流标准的雨污混合水优先通过应急溢流管排入沙湾截排隧洞。小雨时污水不入河，保证河水不黑不臭，大雨时削减河水污染负荷，减少入库污染负荷，保护深圳水库水质。工程预计于2019年完工投入运行。

三、龙岗河、坪山河治理

龙岗河流经龙岗区横岗、龙岗、坪山、坑梓四镇后流入惠阳境内的东

① 广东省水利厅，广东省环境保护厅. 科学治水——共育绿色东江［R］. 2017.

江支流——淡水河，在龙岗境内长40千米。坪山河全长25千米。两河河道狭窄、淤积严重，防洪排涝能力差。20世纪70年代前后，龙岗河、坪山河沿岸工业企业少，人口稀，仅有少量生活污水进入河流，河流水体清洁。进入20世纪80年代中期，龙岗河、坪山河流域经济发展和农村城市化进程加快，人口急剧增加，大量的生产、生活废水未经处理排入河中，水体严重污染。1993年，龙岗河、坪山河水质劣于国家地表水Ⅲ类标准。

1995—1996年，龙岗区开展龙岗河、坪山河流域工业企业污染物排放总量控制的工作，对128家企业发放排污许可证，控制总排污量每日11 000吨，占流域内总排污量的85%以上。

自1995年8月起，龙岗区在全区范围内推广使用微型生活污水处理装置，减轻了生活污水对龙岗河、坪山河的污染。

1993—1996年，市、区两级环保部门严把建设项目环境影响审批关，否决了100多个选址在龙岗河、坪山河流域有水污染的项目。同时，严格执行“三同时”制度，投入711万元用于工业项目兴建，配套建设废水处理设施。这些设施全部通过验收，增加每日废水处理2034吨，“三同时”执行率达100%。市、区环保部门在监督管理中对60家污染物未能达标排放的企业，分别下达限期治理决定，促使这些企业共投入2000万元改造与完善废水处理设施，使流域内每日7000吨工业废水实现达标排放。龙岗区政府还关停了6家治理无望的重污染企业。坪地、坑梓两镇31家牛皮加工厂联合投资1200万元，改造废水集中处理设施。

1999年，总投资逾20亿元的龙岗河、坪山河污染治理工程全面铺开，包括：建设横岗污水处理厂，处理量为每日20万吨；建设坪地横岭污水处理厂，处理量为每日20万吨；建设坪山上洋污水处理厂，处理量为每日15万吨；建设坑梓龙田污水处理厂，处理量为每日3万吨；建设坑梓沙田人工湿地，处理量为每日5000万吨。

1998—2000年，市、区环保部门组织上千人次对龙岗河、坪山河流域内的电镀、制革、养殖业等500多家企业进行地毯式的现场执法检查，

深圳水库水源保护区

骑行爱好者在东江支流龙岗河旁骑行

深圳水库下游沙湾河整治后湿地景观

限期治理超标排污企业76家；依法关停联发生牛皮厂、得力电镀厂等15家重污染企业；查处33家有违法排污行为的企业；清拆261个违章养殖场（点），总面积30多万平方米；清除违章养殖的生猪10万余头、家禽20余万只。①

2001年，龙岗大工业区污水处理厂建成投入使用。

第六节　实施流域综合治理和长效管理

一、生态保护与修复

随着东江流域内经济社会的不断发展，工农业生产及城镇生活污染使水环境问题、生态问题不容忽视。对此，必须通过水源涵养、生态护岸、河湖基质整治、人工湿地营造等措施，综合整治受污染水体，才能维持流域良好的生态功能。广东省及东江沿线各市高度重视流域的生态保护和修复工作，通过反复沟通和建章立制，已经基本形成了良好的全流域联动工作机制。

首先，以东江源保护区为重点，实施围栏封育、林草建设、生物固沙、退耕还林、退牧还草、退化草地等治理措施，促进天然林资源的恢复和发展，提高流域水源涵养能力。在寻乌水和定南水建设水源涵养工程约800万平方米，整治河道约200千米。为保护河源新丰江水库的良好水质，针对受农村生活、农业生产污染的几条入库支流采取增氧曝气、人工浮岛、人工湿地、内源清淤等措施进行治理，共计建设人工湿地约10万平方米，整治入库支流河道约8千米。

其次，全面进行重要栖息地保护和生态修复工作，剑潭梯级以下干流

① 深圳市地方志编纂委员会. 深圳市志：基础建设卷［M］. 北京：方志出版社，2014：886.

河段不再进行水利开发，风光及以下梯级河段进行过鱼设施建设和生态调度。选取东江河源以下干流河段作为流域的栖息地，纳入保护范围，开展流域栖息地保护规划。在东江上游等范围内生态环境遭受破坏的城镇区段河流两岸，如东江源地区安远县、寻乌县城区河段，开展生态护坡、河流廊道建设、河岸带修复等河岸带生态修复工程，以恢复河岸带生态环境，提高水体自净能力。针对流域内惠州西湖湖泊富营养化、水量不足等生态问题，开展西湖与东江的水系联通工程，改善城市湖泊生态。

再次，根据珠江三角洲网河区的实际情况，利用现有的水利设施研究制定合理的调度方案，或者改建现有河涌的挡潮闸，充分运用自动化控制技术，根据潮水涨落特点，灵活调度，提高水流交换率，改善东江三角洲的水生态环境。

二、流域综合治理措施

（一）东江源区

在东江源头区，以保护为前提，限制高耗水、高污染产业，发展生态农业。以水源涵养、水源地保护、面源污染治理和水质监控等措施为主，维护东江源区水质优良、生态健康，力争使寻乌水中游城区河段和支流定南水的水质得到彻底改善。

重点实施赣州市水库型饮用水水源地保护工程、寻乌水等河流及农村河道水生态综合整治工程、赣州市入河排污口整治工程、东江源水资源保护监测工程等。规划工程与管理措施共计6项，投资约24.68亿元。

（二）东江中上游河源地区

在东江中上游河源地区，以保护优先，适度发展，限制高耗水、高污染产业，提高现有产业品位。以水源涵养、水源地保护、强化节水、支流治理、县级污水处理厂及其管网建设、水系连通和生态调度等措施为主，维护中上游优良的水质和生态环境。

重点实施河源市水源地保护工程，河源市入河排污口整治工程，河源市新丰江水库入库支流水生态修复与综合整治工程，白盆珠水库污染源综合治理工程，枫树坝水库源头水的保护工程，新丰江、枫树坝和白盆珠三大水库枯水期联合调度工程，风光和沥口梯级过鱼设施建设等工程。规划工程与管理措施共计6项，投资约3.1亿元。

（三）东江下游三角洲地区

在东江下游三角洲地区，以加强治理、优化产业开发布局，强化节水，推进节水型社会和“海绵城市”建设。以“靠西取水、靠东退水，供排分家，清污截流”，深圳、东莞、惠州一体化供排水格局下的水源地优化整合，以及排污口、河涌整治和生态河网建设，截污和污水处理设施建设，水质监控系统建设，水系连通和栖息地保护等措施为主，减缓社会发展与水资源、水环境、水生态之间的矛盾，确保广州、深圳、香港等地供水安全。

重点实施广州和深圳等市饮用水水源地保护工程，深圳和东莞等市入河排污口整治工程，惠州市水生态系统保护与修复工程，惠州分中心水资源保护监测工程，福园和剑潭梯级过鱼设施建设工程，深莞惠跨界河流水污染联防联治机制，深圳南山和后海湾福田红树林湿地公园建设等工程。规划工程与管理措施共计26项，投资约50.85亿元。

三、长效管理机制建设

为了保护利用东江流域水资源，广东省、江西省推动流域管理体制机制创新，探索建立多部门互动、跨省市协调的综合整治模式，促进东江流域的长期良性开发利用与保护。重点是推动长效机制的建立：一是推动建立流域水生态补偿机制，二是探索流域综合管理新模式。

（一）推动建立流域生态补偿机制

东江跨江西、广东两省，供水范围涉及广州、深圳、香港、大亚湾，是流域沿岸及珠三角地区人民群众生产与生活的重要水源。东江流域的水安全影响范围广，涉及关联方多，而且不同区域之间的经济发展差异大，具有开展跨省跨流域生态补偿的强烈需求。

按照谁开发谁保护、谁受益谁补偿的原则，推动建立以中央财政引导、地区间横向补偿为主的东江流域生态补偿机制，以及生态补偿资金多元化运作与保障机制。应在综合考虑生态环境保护成本、发展机会成本和生态服务价值等因素的基础上，采取财政转移支付或市场交易等方式，对上游区域的生态保护行为给予合理补偿。

（二）探索流域综合管理新模式

建立由财政部牵头，水利部（珠江水利委员会）、环保部、江西省和广东省政府共同参与的流域综合治理联席会议制度。厘清各部门、各行政区在水污染防治方面的职责，统筹流域水资源保护和水污染防治工作。

建立突发性水污染应急响应机制。加强区域、流域的集中式饮用水水源地、跨行政区域河流污染等水事件预警体系建设，建设精干实用的应急处理队伍，构建应急物资储备网络，建立统一、高效的环境应急信息平台。

全面推行“河长制”。对石马河、淡水河、沙河等东江流域污染较严重的河流治理实行“河长”责任制，按照政府对当地水环境质量负责的法定要求，由各地政府主要负责人担任“河长”，负责本地区内水污染防治和生态保护工作。制定“河长”考核奖惩办法，将重污染河流治理的主要目标、任务纳入“河长”政绩考核，并向社会公布考核结果。

积极探索水利、环保、国土等部门的数据共享机制。加快制定东江流域水利、环保等多部门参与的信息资源共享标准规范体系。进一步加强涉水信息公开的范围，同时加强地方有关部门公开涉水信息的能力建设。定期发布水功能区水质信息，确保公众知情，拓宽公众参与水功能区监督管理的途径。

第七节　优化流域生态补偿

东江流域上下游地区经济发展极不平衡，下游及三角洲地区经济高度发达，中上游地区经济相对落后，两者相差悬殊。

一、上下游优势互补协调发展

新丰江是东江水系的最大支流，流域内河源地区的新丰江和枫树坝两个特大型水库在防洪、发电、灌溉、航运、供水等方面发挥了重要作用，为广东、香港经济社会发展做出了巨大贡献。几十年来，新丰江水质始终保持在国家地表水Ⅰ～Ⅱ类标准，东江上游地区为此做出了巨大贡献。

首先，河源人民为建设新丰江水库和枫树坝水库做出了较大的牺牲。建设这两座大型水库共淹没耕地133平方千米，相当于全市耕地面积的11.5%，山地333平方千米，集市贸易街镇10个，民房30万立方米，同时还淹没了一大批山林资源和矿产资源，造成直接经济损失6亿多元，仅133平方千米良田每年损失就约8000万元，而间接和长期损失则更难于估算。

其次，尤为严重的是建设两大水库使河源市背上了近20万移民的沉重包袱，使经济增长步子在负重下趔趄。至2010年，两大水库移民区仍有人生活处于贫困水平，甚至温饱问题还未完全解决，生产生活条件差，基础设施落后。2010年，两库区贫困人口2万人，人均年纯收入仅1892元，全市未达温饱线的人口仍有13万人。

再次，河源市是东江水源地，又是两大水库所在地，承担着保护东江水质的繁重任务。为了保护水质，许多工程项目因为有可能产生污染而不能上马，一些即使能够上马的项目也因水质保护要求，使投资成本增高，影响了招商工作。

东江流域上游江西省经济相对比较落后。2012年人均GDP仅为1.3万元，不及广东省人均GDP的18%。地区发展水平的落后和经济基础的薄弱使得江西省开展水资源保护工作十分吃力，资金缺口较大。而广东对于水资源保护的投入相对较多，但受上游来水水质影响，省界的水资源保护还有待加强巩固。为此，需要建立跨省区域间的沟通桥梁，使更多的资金、人力得到合理、高效地利用，使省界水域水质得到更好的保护。

近年来，赣粤省界水质开始好转，尤其是定南水，水质不断变好。但受到分散面源污染的影响，枯水期水质仍不理想。面源污染的治理十分困难，这在国际上都是公认的，需要水源所在地不断加大综合治理力度，提升综合治理水平。

随着全国主体功能区规划的进一步实施，东江上游较多地区被划为禁止开发区，这些区域在推进发展经济的同时首要考虑的是环境保护。东江上游地区多数属于经济欠发达地区，它们在经济发展起步阶段就被设定了水资源保护的红线，部分禁止开发区由此丧失了一些发展机会，与此同时，还要投入较多的力量进行水资源保护整治。从发展的角度论，上游地区为下游地区的发展牺牲了诸多机会，下游发达地区理当对此进行适当的生态补偿。

2015年5月，香港全国人大代表组建江西考察团，就供港水源——东江源头水资源环境保护、生态补偿机制建设等进行专题调研。考察团一行15人在定南、安远、瑞金等县（市）村庄、山林和江河源头调研，在探访当地村民家，了解东江源地区的生态环境和居民生活状况后，考察团成员就东江源头水资源保护和革命老区经济发展充分交流与探讨。考察团成员感叹，东江源区各级政府和人民长期以来为保护东江一江清水，做出了巨大贡献和牺牲。尤其是东江源区人民以高度责任感全面落实生态保护措施，统筹治理东江源头。考察团呼吁，目前东江源区发展相对滞后，生态还显脆弱。为此，有必要协力推进建立跨区域东江源生态保护协调机制，建立健全生态保护和生态补偿机制，协力推动实施全流域规划和治理，建立东江源区对口帮扶机制和区域经济深度融合。

考察团副团长卢瑞安说，东江源地区为了保证东江水质，以大局为重，选择生态保护，不发展经济，放弃了原本大量利润丰厚的稀土资源，但同时，有关财政补贴未能惠及源区，因此要改变现状，就应当提高当地在东江水问题上的话语权。他又称，现时香港居民视水资源如同“透明”，对东江水供香港习以为常，甚至“理所当然”，却罕有关注香港缺水的严重后果。他期望，香港社会不要将东江水供香港问题政治化，激化与内地的矛盾。

马豪辉认为，在东江水的利用上，香港作为使用方和受益者之一，有责任为东江源地区发展“出声”，促成香港、江西和广东三方合作，共同完善生态资源补偿机制的建设。作为全国人大代表，他希望可就此提出意见，调整东江水水费收益的分配，照顾东江源地区的经济收入。

2015年5月19日，香港《文汇报》刊发《港区人代：东江“政经水”港人“护源”有责》，多名香港地区全国人大代表表示，香港居民有责任、有义务参与水源保护工作。

香港地区全国人大代表考察团团长谭惠珠在发言时表示，江西是香港重要的生猪和蔬菜供应基地，建议江西省政府创立品牌，增加经济收益，还关注当局能否引入私人资金买卖水源。

香港地区全国人大代表黄玉山则说，部分香港居民有一种错误看法，以为“付了水费就完了”。他强调，香港居民有责任、有义务参与水源保护工作，并建议在香港中小学广泛宣传水供应问题，使年轻人知道“珍惜用水”“水源保护”的重要性。

香港地区全国人大代表胡晓明说：“对香港居民而言，‘饮水思源’是最应该不过的事。没有东江水，香港不能发展成为现今的国际都会，这是不争的事实。不能够否定东江水对香港的重要性，亦不应该说出香港没有东江水也没有问题这些不负责任的言论，因为这只是在误导社会大众……借着今年是东江水供港五十周年，希望每天都饮用东江水的民众，不妨也多些了解东江水的历史、发展和现状。”

东江流域上下游经济发展需要优势互补、协调发展，这是流域内外各地区和香港同胞共同的心声。

二、建立流域生态补偿机制

东江下游广东省经济相对发达，上游江西省相对落后，上下游区域间经济发展差异悬殊。在水资源保护方面，这种差异不仅导致上游经济落后地区的相对贫困，也导致了上游经济落后地区的保护资金投入、治理力度远远不及中下游经济发达地区，如何缩小地区差别已是一个涉及公平发展的重大社会问题。

两地之间需要有一个水资源保护统筹、协调机制，以便更有效地协调水资源保护与管理中的突出矛盾。上游及部分民间团体对生态补偿的呼声较高，希望建立上下游补偿机制。

2005年，为保护东江水质安全，江西省政府与广东省政府开展生态补偿机制磋商，制定了《东江源区生态环境补偿机制实施方案》。江西省投资14.2亿元保护东江源头，水质总体可达到国家Ⅱ类标准，区内森林覆盖可达85%，以及控制人为造成新的水土流失等。

2009年，广东省每年从东深供水工程水费中抽取1.5亿元，补偿江西省国家级贫困县寻乌、安远和省级贫困县定南关闭矿点企业的损失。

2012年，《广东省生态保护补偿办法》实施。2012—2014年，广东省财政安排东江中上游地区生态保护补偿资金3亿元。

2016年4月，国务院发布了《国务院办公厅关于健全生态保护补偿机制的意见》（国办发〔2016〕31号），要求各地不断完善转移支付制度，探索建立多元化生态保护补偿机制，逐步扩大补偿范围，合理提高补偿标准，有效调动全社会参与生态环境保护的积极性，促进生态文明建设迈上新台阶。

同年10月，广东省政府与江西省政府签订《东江流域上下游横向生态补偿协议》。协议约定，两省本着“成本共担、效益共享、合作共治”的原则，以流域跨省界断面水质考核为依据，建立东江流域上下游江西、广东两省横向水环境补偿机制，实行联防联控和流域共治，形成流域保护和治理的长效机制，确保水环境质量稳定和持续改善。国家及江西、广东两省对东江源头补偿资金将达5亿元，中央财政已安排奖补资金4亿元。①

第八节　各地携手共护东江

香港回归后，与内地的关系更趋紧密，经济与生活互相渗透，合作不断地走向多元融合，尤其是同广东的合作有了进一步的发展。

2003年《内地与港澳关于建立更紧密经贸关系的安排》（CEPA，即Closer Economic Partnership Arrangement）的签订和落实，使香港和内地的经济贸易关系更加密切，粤港经济进入深度整合阶段，为双方合作增添了新的强大动力。

2004年2月，香港商界成立了大珠三角商务委员会，旨在加强大珠三角的经济合作。这个由私营界别牵头的委员会，与政府层次的粤港合作联席会议相辅相成，共同推动粤港两地的合作和可持续发展。

6月3日，在广东省的推动下，内地九个省、区及港、澳特别行政区签订了《泛珠三角区域合作框架协定》，进一步将粤港合作向内地辐射，形成范围更大的泛珠三角区域合作。

2017年3月5日召开的十二届全国人大五次会议上，国务院总理李克强在政府工作报告中提出，要推动内地与港澳深化合作，研究制定粤港澳大湾区城市群发展规划，发挥港澳独特优势，提升在国家经济发展和对外开放中的地位与功能。粤港澳大湾区将成为继美国纽约湾区、美国旧金山湾区、日本东京湾区之后的世界第四大湾区，成为国家建设世界级城市群和参与全球竞争的重要空间载体。

在此背景下，东江上下游之间的关系和联系也在不断深入和紧密，并

---

① 新华社. 泛珠三角跨区域合作保护“绿色珠江”［N］. 南方都市报，2017-10-16（A06）.

带动上游地区的经济发展模式逐步变化发展。当前，开展流域整体发展、协调上下游发展布局，进行全流域的水科学管理越来越受到各级政府和部门的重视。可以想见，随着东江水资源的流域统一管理与区域管理结合机制的优化和完善，上下游、区域间水事行为将更加协调规范，东江水量、水质及水安全管理的统筹管理将更加合理有效。

东深供水纪念园

一、“珠江委”行使流域跨省水事协调责任

在东江流域跨省水事协调工作中，珠江水利委员会（以下简称“珠江委”）充当了重要的角色。

2007年，珠江水利委员会组织流域片各省（区）签订了《珠江流域跨省河流水事工作规约》，并对跨流域水事工作进行了统筹安排，如每年一度的流域片的水政工作会议，就把这方面任务纳入会议主题，一是总结工作经验，二是及早发现存在的问题，进一步拓宽工作思路。

在《珠江流域跨省河流水事工作规约》的框架下，珠江水利委员会进一步完善了珠江流域省际水事协商通报机制，进一步健全了省际边界水事纠纷预防和调处机制，积极支持流域各省（区）进一步加强省际边界的水事纠纷协调机制，为促进流域社会和谐稳定做出了贡献。

2012年，水利部印发《关于开展省际水事纠纷集中排查化解活动的通知》（水政法〔2012〕161号）。据此，珠江水利委员会于同年制定了《关于开展珠江流域省际水事纠纷集中排查化解活动的工作计划》，一是向流域各省（区）水利厅发出了《关于开展珠江流域省际水事纠纷集中排查化解活动的函》（珠水政资函〔2012〕275号），要求各有关省（区）对辖区内省际边界河流地区特别是以往发生过水事矛盾纠纷的地方进行大排查活动，发现问题及时反馈给珠江水利委员会；二是在珠江水利委员会本部有关规划计划、水政水资源、建设管理、水土保持、水资源保护等部门进行情况收集和疑点苗头排查。

珠江流域内的广东、广西、云南、贵州、江西、福建等省（区）至今未发现新的重大的省际水事矛盾纠纷。早前曾发生的省际水事矛盾纠纷如粤桂边界的郁南大河水库等案件，经珠江水利委员会的有效协调后，已得到妥善解决。

二、赣粤跨界水环境保护合作

近十年来，广东省与江西省就东江水环境的跨省保护开展了更为深入和系统化的合作，取得了可喜的成效。

2011年11月30日至12月1日，广东省、江西省水政监察部门召开了粤赣两省水事工作联谊会，就边界水资源管理、水污染防治、水事工作协调配合等方面进行了沟通，增进了相互之间的交流、合作与促进。

2015年4月7日，江西、广东两省在南昌市召开了跨界水环境保护合作工作座谈会，就进一步深化赣粤环保合作，推进东江上游寻乌水、韩江上游富石水库和横水水库等流域污染综合整治工作，进行了交流与探讨。江西省副省长郑为文、广东省副省长许瑞生出席了座谈会。座谈会上，郑为文发表讲话，他说："东江源位于我省赣州市境内，包括寻乌、安远、定南三县，是珠江流域三大水系之一，是珠江三角洲和香港的重要水源地。我省历来高度重视东江源区的生态保护，先后出台了一系列保护性政策，科学划定了源头保护区范围，提出了源头保护区中长期保护目标，并实施了源头保护区奖励政策，采取严把源头环境准入关，严格水环境和生态监管，大力推进生态工程建设等一系列有力的保护措施。"

江西赣州对东江源头地区的严格保护和监管，确保了东江源水质的优良。2014年，东江水系两个赣粤交界断面的水质达标率均为100%，水质状况达到优良等级。

近年来，江西省环保厅积极落实《泛珠三角区域环境保护合作协议》，与广东省环保厅在完善水污染联防联控机制、流域水质同步监测、水污染应急演练和环保科研等多方面开展合作，并取得了初步成效。

三、粤港沟通协作更加融合

自1998年3月由香港与广东省建立粤港合作联席会议以来，双方在经济发展计划、基础设施建设以及经济结构调整等诸多方面的协调和配合更加密切。

水是生产之要，生活之本。经济社会的发展离不开水，水资源已成为事关全局的战略性资源。时至今日，东深供水工程输往香港的优质淡水已占香港用水量的70%～80%，供往深圳和东莞的优质淡水已占当地用水量的50%。东江水已经成为支撑香港、深圳和东莞等地繁荣发展，推进粤港更加紧密合作的基本保证。

东深供水能够延绵不断、良好运行，主要得益于三个方面。一是广东建立起的从政府到社会的全面支撑体系，二是粤港供水的卓越管理制度，三是同香港沟通协作。就东江水供香港而言，广东与香港之间已经建立起顺畅高效的问题磋商机制。在专业层面，广东省水利厅技术小组、工作小组每年与香港方面召开1～2次会议；在监督层面，由香港水务署集合各界人士组成的香港水资源咨询委员会每年到广东考察一次；在市民层面，每年都有来自香港地区的学生集体参观供水工程，一年有100多次，每次的人数最多达200多人。

来自香港地区的学生于东深供水改造工程纪念广场听有关讲解

来自香港地区的学生观看东深供水改造工程全景模型

香港水咨会委员与水务署代表参观金湖泵站（摄于2003年）

香港水咨会委员与水务署代表参观东深供水工程展览馆（摄于2003年）

东江水作为粤、港两地的生命水，在互利双赢的两地经贸关系中，无论是过去和今天，都一直渗透着浓浓的同胞间的温情厚意。“同饮东江水，共护东江水”，港、粤、赣正在就相关问题达成共识，东江流域生态补偿机制将继续深化完善，上下游的发展差距将不断缩小。东江流域生态文明建设步伐已经越迈越大，流域内上下游区域间会更加协调发展，和谐共生，东江生态环境将更加美好！

香港地区人大代表参观东深供水改造工程（摄于2010年）

香港水咨会委员与水务署代表于太圆泵站合影（摄于2014年）

结　　语

东江流域面积广阔，人口众多。流域下游的香港、深圳、东莞等地能喝到好水，与流域中上游地区的不懈努力密不可分，这里面不仅有英雄的牺牲，有巨大的投入，更有人们持之以恒的坚持和改革创新的决心。这是非常不容易的事情，更是值得骄傲的事情。

科学管理东江水，是维护东江河流湖库健康良性发展的根本所在，是保障供应水量水质的重要依托。不忘初心，方得始终。东江流域的保护，任重而道远。唯有继续努力，才能让我们的母亲河更加秀丽，更加生机盎然。

“月光光，照香港，山塘无水地无粮”，这是20世纪60年代香港广为流传的一首歌谣。缺水之苦困扰了香港居民一个多世纪，直到1965年东深供水工程将内地东江水引入后才彻底解决。

【当年囧语】“楼下闩水喉”——1963年广东遭受百年一遇大旱，深圳的供水也受到影响。6月，香港严重干旱，港英当局实施4天供水一次，每次4小时的供水办法。因此，每到供水时间，就要全家总动员，男女老幼齐出马，携盆提桶去盛水。水拿回来也要尽量省着用，五六人用一盆水轮流洗澡，留下的污水洗衣服，最后冲厕。人们惊呼香港就像一座公共旱厕，成了“臭港”，350万人的生活陷入困境，20多万人逃离家园。

当年香港的楼房基本都是三四层的，自来水由水厂直供，水管由下而上连接，水量供应问题不大。而遇上制水期，所有住户同时打开水龙头接水储水，楼上住户的水龙头因水压不足而没水流出或即使有水也细如丝线，便向楼下住户大呼：“楼下闩水喉。”“闩”，粤语音san，意即“关

闭”，“水喉”即水龙头。“楼下闩水喉”就成了香港当年最流行的一句囮语。（摘自网络）

“清清的东江水，日夜向南流，流进深圳，流进港九……你是祖国引出的泉，你是同胞酿成的美酒，一醉几千秋。”《多情东江水》中一段歌词，记载了东江水供养香港同胞的故事。

对于今天的香港来说，水荒已经成为远去的历史。延绵68千米的东江水，已经滋润了香港整整半个多世纪，每一滴清澈明净的水，都见证着东江两岸人民对香港同胞的手足之情。

多年来坚持不懈的努力，使东江干流水质一直保持优良。持续不断地投入资金，强化对主要污染支流的治理力度，也使东江面貌焕发一新，流域内到处是青山绿水，一派天地人和、生机勃勃的景象。

香港接收东江水面积最大的水库——群山环绕，水质清澈的船湾淡水湖

第五章

东江水价格的比较分析

近年来，香港地区有一小部分人，不断挑拨香港民众对于内地的不满，离间彼此感情。东江水供香港项目也被一些香港媒体及香港居民拿来质疑，认为内地供香港的东江水质量低、价格高，内地借供水公司暴利敛财等，不一而足。

那么，真实的情况又是如何呢？本章主要将香港水价拿来做一个多方位的比较：一是香港与同属东深供水工程供水为主的深圳、东莞三地的水价比较，二是与国内、国际其他大城市如北京、天津、纽约等地的水价比较，三是与新加坡供水及水价的比较，四是香港采用海水化淡供水成本与东江供水成本的比较。通过多方位的比较，不仅客观地反映了香港供水水价是合情合理的，而且还体现了东江水供香港的绝对优先权和供水地位的优越性。

第一节 东江供香港水量与价格

一、东江水供香港水量

（一）供水量总体呈快速增长趋势

自东深供水工程供水开始，东江水供港水量经历了一个动态变化的过程，但总体上是快速增长的。自1965年3月1日东深供水工程开始稳定供水后，输往香港的水量一直快速增长，从最初的6820万立方米，增加到2000年前后的8.2亿立方米。

与此相应，香港居民依靠东江水作为用水的比例逐年增加，占全香港耗水量由1965年以前约20%，到1985年以后已超过一半，东江水成为香港居民用水的主要来源。此后，这一比例不断提高，至2000年已经占到76%，2004年，时年大旱，所占比例更高达85%。

自1960年11月15日港英当局首次与广东省达成供水协议以来，粤港双方先后曾5次签订供水协议，加上修订协议在内，累计达成协议超过10次。双方历年签订的协议内容，几乎每次都以增加供水量为重点。由于香港经济发展势头迅猛，港英当局每隔1～2年就重新修正供水水量，向广东省政府提出增加供水要求，签订补充协议和协议条款。

20世纪70年代起，香港水务署开始根据当前的用水消费量来预估未来用水需求的增长，并以此作为供水协议的基础。1971年夏季，香港平均每日耗水量为91万立方米，是年水务署估计用水需求年增长率为8%。1978年，香港环境司钟信指出，香港是年用水量为4.5亿立方米，平均每日耗水量为123万立方米，比1972年增加了28.5%，并预计在未来10年内，用水需求将会增加至每年8亿立方米，即使将东江水供应增至每年6.2亿立方米（当年的东深供水工程最大供港供水能力为6.2亿立方米），香港每年仍欠1.8亿立方米。

在1965—1989年的24年间，香港耗水量实际每年平均增长率为

7.9%。[1]

（二）香港方提出将“定量”供应修改为“按年递增供水量”供应

1989年，香港水务署根据实际需要修改了供水协议的有关条款。

1988年香港全年总降雨量只有1685毫米，1989年为1945毫米。顾虑到来年旱情可能持续，为了确保东江水能满足香港居民未来的用水需求，水务署在1989年以3.5%的增长率作基准，与广东省签订增加供水协议，要求粤方将“定量”供应，修改为“按年递增供水量”供应，在1989年签订的供水协议中明确说明1989年以后的供水量，将每年递增3000万立方米，直至年供水量达11亿立方米时，供水量不再按年递增，有效期为1995—2008年。协议并要求广东除了上述最低基本供水量外，更可在急需时，临时增加供水量，但临时增加的供水量，水价会比基本价格高10%。1991年，香港全年总降雨量只有1639毫米，水塘所收集到的淡水只有1.8亿立方米，约为全香港耗水量的20%。当年东江水供香港水量为6.99亿立方米，比原来协议的5.23亿立方米增加了33.7%。

综合起来看，1960—1989年的供水协议是以不断增加供水量为基调的，这是当时为适应香港经济飞速发展，充分考虑人口增长、生活改善、服务业扩大、制造业产能等综合因素的结果。这些供水协议保证了香港不再经受干旱少雨的制约，无论丰水年份还是枯水年份，淡水供给都能有求必应，水量得到了充分保障，香港经济因此一直保持了几十年的稳定发展。

（三）协议减少供水量

1992—2002年，是协议输香港东江水量减少的年份。

这11年香港风调雨顺，雨量充沛，平均降雨量2525毫米，1997年降雨量更创历史新高达到3343毫米。与此同时，香港工业用水量自1992年开始下降，1992年工业用水量22 500万立方米，比上年减少1500万立方米，

① 何佩然. 点滴话当年——香港供水一百五十年［M］. 香港：商务印书馆，2001：222.

1993年比上年又减少了1700万立方米，1994年比上年更减少了3700万立方米。到2002年，工业用水量下降到8200万立方米。1992年以后，香港用水需求增长放缓，耗水量年均增幅从1965—1990年间的14.6%急速下降到1991—2002年间的0.7%。

根据1989年供水协议，供水量到1997年将达到7.5亿立方米，但为避免浪费，港英当局与广东省再度洽谈减少年供水总量，经过协商，1997年将供水总量减少到6.98亿立方米。1998年，将每年递增供水量从3000万立方米减少到1000万立方米，直到2004年，其后每年的供水量会再作修正。2004年东深供水实际供水量为8.1亿立方米，次年为7.7亿立方米。

（四）确定“弹性供水”协议

2006年后，为了科学、高效地利用东江水资源，香港特区政府和广东省政府签订“弹性供水”协议。根据协议，东深供水工程对香港供水的具体供应量是根据香港的实际需要提供的。供水协议每三年签订一次，每次协议为期三年。

“弹性供水”协议规定，香港拥有每年11亿立方米的东江水权；采用弹性供水方式，不预设每年供水量；香港方须于每月月中前通知广东方下月所需供水量，每月的水量又分解到了每天；供水量因应香港的需求及水塘存水量的变化而调节，避免水塘满溢，造成浪费；每年于12月停水一个月，以进行检查及维修东江水输水系统。

根据2015年签订的最新供水协议，供水日期由2015年1月1日至2017年12月31日。香港水务署根据最新的用水需求预测进行了详细分析，预计在供水可靠度达99%的情况下，2015—2017年，香港每年对东江水的需求量不会超过8.2亿立方米。这意味着即使在百年一遇的极端干旱环境下，香港仍可维持24小时供水。协议订明，日供水量上限为270万立方米/日，下限为100万立方米/日，每年最高供水量上限为8.2亿立方米。

二、东江水供香港水价

东江水供香港水价，也经历了一个动态变化的过程。

1960年，第一份供水协议议定由深圳水库供水，供水水价每立方米为2.2分人民币，折合港元为5分。1965年，东江水供香港水价初始定为1角人民币，折合港元2角3分，该水价一直维持不变，直到1977年后才改变。1960—1977年，由广东省提供的供香港淡水水价是以收回成本为原则，并未将经济利益放在首位，这段时期达17年之久。

1978年后，中国开始全面推进改革开放，发展经济。1980年8月深圳经济特区成立，珠江中下游地区经济发展开始加速，水资源需求量大幅度增加。随着改革开放的深入，水价也开始逐步与市场经济调控接轨，加上水污染的日趋严峻，水环境治理与保护的成本也越来越高。在此情景下，水价也顺应时代的发展适时调整上浮。1978年12月至1982年12月，东江水供香港价格经历了最早的几番调整上浮，水价从每立方米1角人民币调整为1角5分人民币，折合港元从2角3分调整到5角。1982年，又从1角5分人民币上调到2角5分人民币。（1960—1999年供水协议及供水价格签订情况见表5-1）

表5-1　1960—1999年供水协议及供水价格签订情况[①]

日期	协议内容	供水价格/ m^3	
		人民币	港元
1960年11月15日	签订协议，从深圳水库供水每年2.27×10^{7} m^3	0.022	0.05
1963年5月	深圳水库供水增加3.17×10^{6} m^3，允许油轮在珠江口汲取淡水运回香港	0.022	0.05
1964年4月22日	广东省政府与港英当局签订《关于从东江取水供给香港、九龙协议》规定，从1965年3月1日起，每年供香港6.82×10^{7} m^3淡水	0.1	0.234

① 何佩然. 点滴话当年——香港供水一百五十年［M］. 香港：商务印书馆，2001：221.

（续表）

日期	协议内容	供水价格/ m^3	
		人民币	港元
1972年	增订协议，增加供水量$8.4 \times 10^7 m^3$	0.1	0.39
1976年	增订协议，增加供水量$1.09 \times 10^8 m^3$	0.1	0.26
1977年	增加供水量$1.43 \times 10^8 m^3$	0.1	0.25
1978年11月29日	签订按年递增供水量协议。供水量由1979年的$1.45 \times 10^8 m^3$逐步增至1982年的$1.82 \times 10^8 m^3$	0.15	0.5
1980年5月14日	签订《关于从东江取水供给香港、九龙补充协议》规定自1983—1984年度供水$2.2 \times 10^8 m^3$，逐年递增3×10^7~$3.5 \times 10^7 m^3$。直至1994—1995年度前，可达每年$6.2 \times 10^8 m^3$	0.15	0.5
1982年1月1日	—	0.25	0.825
1985年5月1日	—	0.33	0.789
1987年12月23日	签订协议，明确由1989—1990年度开始，按年递增供水至1994—1995年度$6.6 \times 10^8 m^3$		
1988年	—	0.53	1.112
1989年11月	签订《关于同意参加东深供水三期扩建工程的复函》，增加供水至$1.1 \times 10^8 m^3$	0.578	1.201
1989年12月21日	广东省政府与港英当局签订《关于从东江取水供给香港的协议》明确说明，1989年以后的供水量，将每年递增$3 \times 10^7 m^3$，直至年供水量达$1.1 \times 10^8 m^3$时，供水量不再按年递增，有效期为1995—2008年及预付水费问题，香港方预付水费15.8亿港元（约合人民币11亿元）	—	—
1989年12月23日	签订《关于广东省东江至深圳供水三期扩建工程项目建议复函》	—	—
1990年2月10日	广东省计委批准《东深供水三期扩建工程可行性报告》，工程需投资17亿元人民币，其中11亿元从香港方预缴水费扣取，其余6亿元，分别由深圳市预付水费3.4亿元及广东省筹集2.6亿元	0.795	1.297
1991年	—	0.985	1.439
1992年	—	1.137	1.597
1993年	—	1.318	1.772

（续表）

日期	协议内容	供水价格/ m³	
		人民币	港元
1994年	—	2.163	1.94
1995年	—	2.332	2.16
1996年	—	2.585	2.405
1997年	—	2.798	2.613
1998年	—	2.652	2.839
1999年	—	2.893	3.085

自1983年以后，有关东江水供香港价格的确定，按照两地通胀率作为价格调整的原则，每三年进行一次。比如，1985年的水价与1982年的比较，以人民币计算，增幅为32%，倘以港元计算，反而有4.5%的减幅。1996年的水价与1993年的比较，以人民币计算，增幅为108%，以港元计算，则有36%的增幅。1999年的水价与1996年的比较，以人民币计算，增幅为6%，以港元计算，增幅为28%。20世纪90年代东江水供香港价格的变动，一方面反映了当时国内的通胀率居高不下，平均都在20%以上；另一方面，也反映了水资源的开发、利用和保护在逐步向以经济效益为主的市场调控机制迈进。

2006年至今所签订的供水协议采用“统包总额”方式，没有预设每年供水量，只定明每年的水价。调整东江水价的基础是营运成本、人民币兑港币汇率及粤港两地有关的物价指数的变化。保留11亿立方米水权，每年供水统一按8.2亿立方米定价。2015—2017年的每年固定水价分别为42.2279亿港元、44.9152亿港元、47.7829亿港元，每年分11期固定金额付款。

东江水基础水价自1999年以来基本上没有进行调整，依然保持在1999年2.893元/立方米的水平。1999—2014年，主要变量是汇率和物价指数的增长。1999—2014年，CPI指数累计上涨了34%，而东江水价则上涨了

33%，与物价指数基本持平。

实际上，近十几年来，东江水水价的调整完全没有考虑到东江流域在水污染防治、水土保持、生态环境保护以及移民安置等方面所做的大量投入，由于东江是跨省河流，涉及江西赣州和广东河源、惠州、东莞、深圳、广州等地区，若要将这些因素纳入水价考量范围，将会是一个复杂而艰巨的工作。

1960年11月15日，深圳供应香港用水协议签字。右为宝安县代表曹若茗，左为港英当局代表巴悌

1964年4月22日，《关于从东江取水供给香港、九龙的协议》在广州举行签字仪式。图为广东省代表、广东省水利电力厅厅长刘兆伦（右），香港副工务司兼水务署署长莫觐（左）在协议上签字

AGREEMENT

BETWEEN THE PEOPLE'S COUNCIL OF KWANGTUNG PROVINCE AND THE HONGKONG AUTHORITIES ON THE SUPPLY OF WATER TO HONGKONG AND KOWLOON FROM THE EAST RIVER

广东省人民委員会

香港当局

关于从东江取水供給香港、九龙的协議

第二份供水协议，落实从香港过境80多千米外的东江干流取水供香港方案。这份历史文件，奠定了粤港双方50多年来的合作关系

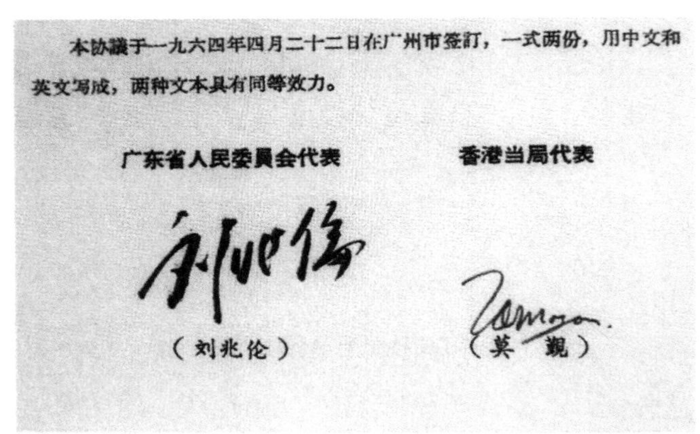
本协議于一九六四年四月二十二日在广州市签訂，一式两份，用中文和英文写成，两种文本具有同等效力。

广东省人民委員会代表　　香港当局代表

（刘兆伦）　　（莫　覲）

1964年供水协议，粤港双方代表的签名

1989年12月21日，在香港签订第5份供水协议

三、水价科学合理

几十年来，在广东与香港就东江水量水价问题的协商谈判过程中，广东省一直本着充分尊重香港方面的需要这一原则。为此，香港水务署前副署长吴孟东就曾说过，在这个水价磋商机制中，香港方的态度和观点是被充分尊重的。“这么多年来，我们同广东省都是有互相尊重的合作精神，所以过往的历史中，讨论水价的时候都是在很融合的气氛里谈论。”①

广东粤港供水有限公司董事长徐叶琴介绍说，香港年用水量9亿～10

① 广东省水利厅．悠悠东江润紫荆——写在东深供水工程对港供水50年之际［EB/OL］．2015-5-28.

亿立方米，但枯水年、丰水年水量相差可达2亿～3亿立方米。一年的水量要多少？明年是枯水年还是丰水年？这很难估计，香港地区降雨量没办法算，因此香港为了保证用水可靠性达到99%，2006年以后决定按照统包的形式，保留11亿立方米水权，每年供水统一按8.2亿立方米定价，即用不用都是这个价。

为什么会用统包定价的方式？徐叶琴解答说，在我国的调水工程制度中，水价是包括工程水价和计量水价的，工程费用是即使不用水也是要投入的，这要算在用水成本里。因为修建调水工程需要巨大的花费和漫长的时间，在设计初期就要根据供水容量来确定工程。而落实到每一年，对香港供水安排需要提前规划，用电计划也需要向政府提前申请规划，因此必须要有一个目标范围。我国的南水北调工程，也是采用同样的计量方法。

吴孟东表示，供香港的水价是在粤港双方意见都被充分尊重的基础上达成的。他认为广东为向香港供水付出了巨大的代价，没有一个地方的水价只有一个标准，水价不能简单地用数字进行比较。

吴孟东说，香港最在意的就是买的是水权而不是水本身，这个11亿立方米是一定要坚守的。这个数字是根据香港的气候状况，在考虑遇到旱情的情况下推算出来的。特别是在当前全球极端气候现象越来越多的情况下，区域气候也不断变化，水作为最根本的民生资源，一定要做最充分的储备。

因此，目前所采用的“统包总额”方式议定东江水价格是最为科学、合理的方法。

第二节　香港供水价格与内地主要城市比较

东深供水工程经过三期扩建工程和一期改造工程后，供水能力达到24.23亿立方米/年，其中对香港的供水配额为11亿立方米，对深圳的供水配额为8.73亿立方米，对东莞的供水配额为4.0亿立方米。

根据《深圳市统计年鉴》资料，2004—2007年东深供水工程供水总量逐年增加，对香港的供水量根据香港本地水塘收集雨水丰枯状况进行调节，对深圳的供水量逐年增加，对东莞的供水量基本下降并控制在计划配额4.0亿立方米左右。

表5-2　东深供水工程沿线供水量情况（2004—2007年）　（单位：$10^8 m^3$）

年份	供水总量	增幅 / %	香港	深圳	东莞
2004	19.81	13.27	8.2	5.68	5.93
2005	20.46	3.28	8.2	8.1	4.16
2006	20.63	0.83	8.2	8.5	3.93
2007	20.89	1.26	7.2	9.4	4.3

东深供水工程沿线深圳、东莞的供水价格，根据广东省物价局《关于调整东深供水工程对东莞、深圳沿线供水价格的通知》（粤价〔2004〕262号）等地方政策，水价出现持续上升的趋势；另外，国家也陆续出台了一系列上调水价的政策。2007年《国务院关于印发节能减排综合性工作方案的通知》（国发〔2007〕15号）明确规定，全面开征城市污水处理费并提高收费标准，每吨水平均收费标准原则上不低于0.8元。因此，十几年来深圳、东莞等地不断地进行调整，水价收费标准呈逐年上升的趋势，这符合经济发展规律。

一、深圳供水水源及价格情况

深圳市当地水资源短缺，人均占有量仅为240立方米，经济社会发展大量依靠外来水源。主要供水工程为东深供水工程和东部供水工程，在这两条供水主干线上又兴建了众多支线，支线与各中小型水库相连，形成了整个深圳市引蓄供相结合的供水网络。由于供水水源众多，深圳市供水系统复杂，各供水水库工程所在的区域和境外引水途径不同，水价也不同，甚至相差较大。

（一）深圳供水工程情况

目前深圳市供水布局主要依托东深供水工程和东部供水工程两大境外调水水源工程，以供水网络干线及其支线、龙口—茜坑供水工程、北环管道以及深圳水库东侧东深衔接泵站为水输配系统，使东深引水、东部引水和本地水源相互连通，实现东深水源与东部水源“双水源”联合调配全市的水量，形成了深圳市供水水源网络系统。其中，东部水源的分配主要依托东部供水水源工程、供水网络干线以及各支线工程；东深水源的分配主要依托东深供水工程、龙茜供水工程、连至深圳水库的各输水管网以及北线引水工程。

1. 东深供水系统

东深供水工程位于广东省东莞市和深圳市境内，是一项以供应香港特别行政区用水为主要目标，并对深圳经济特区供水，兼有灌溉、排涝、发电和防洪等效益的综合水利工程。与东深供水工程相连的工程有龙口—茜坑供水工程、北线引水工程、甲子塘支线；与东深供水系统相连的水库有深圳水库、茜坑水库、苗坑水库、甘坑水库、龙口水库和鹅颈水库。

2. 东部供水系统（包括供水网络干线）

东部供水系统包括东江水源工程和供水网络干线工程。东江水源工程从东江引水至松子坑水库，水从松子坑水库开始进入供水网络干线，沿深圳北面，由深圳水库库尾向西经过长岭皮水库至西丽水库，分配东部沿线后进入西丽水库，通过西丽水库—铁岗水库连通隧洞到铁岗水库，进而通过铁石支线泵输至石岩水库，最终分配至宝安区。东江水源工程分二期，一期始建于1996年，2001年12月开始供水，供水量3.5亿立方米；二期扩建工程，增加年取水量3.7亿立方米。供水网络现有干线工程起于东部供水水源工程6号隧洞出口，沿碧岭—深圳水库—长岭皮到西丽水库、铁岗水库，供水干线全长49.73千米。与东部供水工程相连的支线工程有13条，水库有13座。

（二）深圳供水水价情况

深圳市水务集团于2004年、2011年针对居民生活用水定额标准和现收水费，将水价做了修改调整。2004年水价比1999年调升19.2%，2011年水价比2004年调升21.1%。2016年水费价格和污水处理费再作调整，听证会已如期召开，会议对居民生活用水水价提出了两个收费方案。具体情况如下：

方案1：

居民阶梯水量分档维持现状，即第一阶梯用水量为22立方米，覆盖率90%；第二阶梯为23～30立方米，覆盖率97%；第三阶梯为31立方米以上。水价设定方面，居民阶梯水价按1：1.5：3安排，方案1的第一阶梯提价0.20元/立方米，提至2.50元/立方米；第二阶梯提价0.30元/立方米，提至3.75元/立方米；第三阶梯提价2.90元/立方米，提至7.50元/立方米。

方案2：

居民阶梯水量分档严格按照国家、省有关规定安排，即第一阶梯用水量为20立方米，覆盖率约80%；第二阶梯为21～28立方米，覆盖率约95%；第三阶梯为29立方米以上。居民阶梯水价按1：1.5：3安排，即第一阶梯提价0.10元/立方米，提至2.40元/立方米；第二阶梯提价0.15元/立方米，提至3.60元/立方米；第三阶梯提价2.60元/立方米，提至7.20元/立方米。

深圳供水水价调整情况见表5-3。

表5-3　深圳供水水价调整情况

用水类别	1999年/（元·m^{-3}）	2000年/（元·m^{-3}）	2004年/（元·m^{-3}）	2011年/（元·m^{-3}）	污水处理费/（元·m^{-3}）
	《深圳市物价局关于调整我市自来水价格的批复》（深价〔1999〕82号）		《关于调整市水务集团自来水价格及相关政策的通知》（深价管字〔2004〕56号）	《关于调整市水务（集团）有限公司自来水价格的通知》（深发改〔2011〕459号）	《关于调整我市污水处理费及相关政策的复函》（深价管函〔2005〕15号）
1. 居民生活用水	—	—	—	—	—
（1）家庭户每户每月用水量/ m^3	—	—	—	—	—
22 m^3及以下（含）	1.35 30 m^3（含）及以下	1.50 30 m^3（含）及以下	1.90	2.30	0.90
23～30 m^3	1.85 超过30m^3	2.00 超过30m^3	2.85	3.45	1.00
31 m^3以上	—	—	3.80	4.60	1.10
（2）集体户每人每月用水量/ m^3	—	—	—	—	—
5 m^3（含）及以下	1.35 6 m^3（含）以内	1.50 6 m^3（含）以内	1.90	2.30	0.90

（续表）

用水类别	1999年/（元·m^{-3}）	2000年/（元·m^{-3}）	2004年/（元·m^{-3}）	2011年/（元·m^{-3}）	污水处理费/（元·m^{-3}）
	《深圳市物价局关于调整我市自来水价格的批复》（深价〔1999〕82号）		《关于调整市水务集团自来水价格及相关政策的通知》（深价管字〔2004〕56号）	《关于调整市水务（集团）有限公司自来水价格的通知》（深发改〔2011〕459号）	《关于调整我市污水处理费及相关政策的复函》（深价管函〔2005〕15号）
6～7 m^3	1.85 超过6m^3	2.00 超过6m^3	2.85	3.45	1.00
8 m^3以上	—	—	3.80	4.60	1.10
2. 行政事业用水	1.80	1.80	2.30	3.30	1.10
3. 工业用水	1.90	1.90	2.25	3.35	1.05
4. 商建服务业用水	2.40	2.40	2.95	3.35	1.20
5. 特种用水	3.50	3.50	7.50	15.00	2.00

二、东莞供水水源及价格情况

东莞河网纵横交错，地表水资源丰富，水环境条件优越。据《2010年东莞市水资源公报》统计，多年平均水资源总量为20.76亿立方米，其中地表水资源量为20.52亿立方米，地下水资源量为5.63亿立方米。东江进入东莞市境内的多年平均径流量为247.2亿立方米。

（一）东莞供水水源情况

东莞市现有蓄水水库118座，总库容为4.07亿立方米，兴利库容为2.46亿立方米，其中中型水库8座，总库容为2.19亿立方米，兴利库容为0.99亿立方米。蓄水工程设计供水能力为3.64亿立方米。

目前，东莞市境内多数水库均遭到不同程度的污染，水质较差，无法完成供水任务。2010年，东莞市水库供水量为1.94亿立方米，仅占设计供水能力的53.30%，占全市供水总量的9.3%。因此，东莞市大部分供水水源也来自东江水，其水源工程多集中在东江干流和南支流上，通过各类提水和引水工程供给各自来水厂。

2010年，东莞市各类供水工程供水量为21.08亿立方米，其中直接以东江水为供水源的供水量为19.14亿立方米，占全部供水量的90.7%。东深供水工程的供水量为4亿立方米。

东莞市目前形成六大供水系统，分别是市区供水系统、中东部供水系统、中西部供水系统、西部水乡供水系统、东部供水系统和其他供水系统。其中，东部供水系统，主要以东深供水工程东深河为水源及部分水库供水，涉及桥头、常平、谢岗、樟木头、塘厦、清溪、凤岗和黄江8个镇街，都是自营自供系统。

（二）东莞供水水价情况

东深供水工程沿线供水涉及东莞8个镇街，供水水价各个镇街有所不同，1999—2013年经过多次水价调整，居民用水水价与1999年相比，平均升幅达88.13%。见表5-4。

表5-4　东深供水工程东莞沿线供水水价情况①　　（单位：元/m³）

2013年调整前							2013年调整后		
镇街	居民	行政事业	工业	经营服务	绿化服务	特种服务	居民	非居民	特种服务
桥头	1.35	1.40	1.45	1.50	1.20	2.00	1.45	1.65	3.5
常平	1.55	1.55	1.75	1.85	1.40	2.50	1.70	1.85	3.5
黄江	1.55	1.70	1.70	1.80	1.35	2.50	1.75	1.95	3.5
谢岗	1.40	1.40	1.45	1.60	1.20	2.00	1.70	1.85	3.5
樟木头	1.60	1.60	1.70	1.80	1.20	2.50	1.75	1.95	3.5
清溪	1.50	1.50	1.65	1.70	1.20	2.50	1.75	2.00	3.5
塘厦	1.50	1.55	1.65	1.75	1.20	2.50	1.95	2.15	3.5
凤岗	1.60	1.60	1.70	1.80	1.20	2.50	2.00	2.20	3.5
1999年水价	1.00	1.10	1.10	1.35	0.90	2.50	—	—	—

三、国内其他主要城市水价

国内水价经历了1949—1964年无偿服务阶段，1964—1985年由无偿服务向有偿收费转变阶段，1985—1988年积极推进和执行有偿收费阶段，1988—1994年水利工程水费和水资源两费并存阶段，1994年后由水资源费向水价转变阶段，共5个阶段。

近年来，城市供水水价在短短几年内已经急速飙升，从每立方米0.5元调升到1元以上、2元以上、3元以上，有些城市甚至已经达到每立方米5～6元。根据中国水网对国内城市2000—2009年水价的统计，有35个重点城市的水价逐年增长，平均增速达到7.14%，污水处理费平均增长速度达到13.91%。

国内主要城市执行的供水价格为综合水价，主要由5个部分构成，即水价、运营成本、污水处理费、水资源费和各种附加费，各地视自身情况

① 广东省物价局关于调整东莞市自来水价格的批复（粤价〔1999〕12号）［S］.

综合考量。目前，大多数城市水价基本上由水价、运营成本和污水处理费构成。

截至2016年底，国内多个城市继续公布或准备听证水价上涨方案，平均涨价幅度达到了10%～30%。表5–5是北京、天津、上海、广州、深圳、东莞六市目前执行的供水水价情况。1999—2016年间，北京分别在2004年、2009年和2014年三次上调水价；天津分别在2004年、2009年和2015年三次上调水价；上海在2008年、2010年和2013年三次上调水价；广州在2006年、2012年两次上调水价；深圳在1999年、2000年、2004年、2011年进行了四次水价上调；东莞在1999年、2013年进行了两次水价上调。目前，六地比较，综合水价每立方米分别为北京5元（最高）、天津4.9元、深圳3.79元、上海3.45元、广州2.88元、东莞2.78元（最低）。最高价格与最低价格相比几乎高了一倍。

表5–5　国内不同城市综合水价对比（截至2016年）

城市	综合水价/（元·m^{-3}）	备　注
北京	5.00	2014年（含1.36元污水处理费和1.57元水资源费）
天津	4.90	2015年（含0.9元污水处理费和1.39元水资源费）
上海	3.45	2013年（含1.7元排水价格）
广州	2.88	2012年（含0.9元污水处理费）
深圳	3.79	2011年（含0.9元污水处理费和0.59元垃圾处理费）
东莞	2.78	2013年东部供水系统平均水价（含0.9元污水处理费）

居民用水价格和非居民用水价格，也全部实行阶梯价格。以北京市为例，2014年5月1日对水价做了调整后，目前是第一阶梯每户每年用水量不超过180立方米，每立方米水价为5元；第二阶梯每户每年用水量在181～260立方米之间，每立方米水价为7元；第三阶梯每户每年用水量为260立方米以上，每立方米水价为9元。北京市目前调整后的居民和非居民用水水价见表5–6和表5–7。

表5-6 北京市居民用水价格表（2014年5月1日） （单位：元/m³）

供水类型	阶梯	每户每年用水量/m³	水价	其中		
				水费	水资源费	污水处理费
自来水	第一阶梯	0～180（含）	5	2.07	1.57	1.36
	第二阶梯	181～260（含）	7	4.07		
	第三阶梯	260以上	9	6.07		
自备井	第一阶梯	0～180（含）	5	1.03	2.61	1.36
	第二阶梯	181～260（含）	7	3.03		
	第三阶梯	260以上	9	5.03		

注：1. 执行居民水价的非居民用户，水价统一按每立方米6元执行。其中自来水供水的水费标准为每立方米3.07元，自备井供水的水费标准为每立方米2.03元。水资源费和污水处理费按阶梯水价相应标准执行。

2. 执行居民水价的非居民用户用水范围包括学校教学和学生生活用水，向老年人、残疾人、孤残儿童开展养护、托管、康复服务的社会福利机构用水，城乡社区居委会公益性服务设施用水，政府扶持的便民浴池用水，园林、环卫所属的非营业性公园、绿化、洒水、公厕、垃圾楼用水。具体学校以市教育部门按相关规定认定为准，社会福利机构和城乡社区居委会公益性服务设施以市民政部门按相关规定认定为准，便民浴池以市商务部门会同市水务部门按相关规定认定为准。

表5-7 北京市非居民用水价格表 （单位：元/m³）

用户类别		水价	其中			备注
			水费	水资源费	污水处理费	
非居民	城六区	9.5	4.2	2.3	3	自来水供水
			2.2	4.3	3	自备井供水
其他区域		9	4.2	1.8	3	自来水供水
			2.2	3.8	3	自备井供水
特殊行业	—	160	4	153	3	—

四、香港供水价格

香港于1979年实施水费分级制度，住宅用户的用水水费（冲厕用水除外）按4个阶梯收费（见表5-8）。

表5-8　香港供水价格

用水分类		收费/（港元·m^{-3}）
住宅用户	12 m^3以内	免费
	12～31 m^3	4.16
	32～40 m^3	6.45
	超过40 m^3	9.05
商业		4.58
建筑		7.11
航运（非本地船只）		10.93
航运（本地船只）		4.58
航运以外用途（非本地船只），并以预付票缴交水费		4.58
冲厕水每4个月的收费率	30 m^3以内	免费
	超过30 m^3	4.58

由于1979年以来水费收费标准一直没有调整，30多年来随着物价水平的提高，香港水务署已经入不敷出。1998—1999年度起已开始亏损运行，需要依靠政府一般收入补助，2014—2015年度亏损10.15亿港元，成本回收率为88.8%。

通过以上东深供水工程主要供水地区香港、深圳、东莞三地的水价对比以及国内其他城市的水价调整情况可知，深圳、东莞以及北京、天津、上海等地的水价逐年攀升，基本上目前仍然处于上升的趋势之中，与香港数十年不变的水价形成鲜明的对比。

1999年之前，供水涉及民生安定，政府计划管控，水价免费或者偏低。1999年之后，随着经济发展的深入，供水工程的持续开发，水环境治理成本的不断加大，导致水资源紧张的趋势越发凸显。水资源作为越来越稀缺的战略资源，其价值体现在水价之中则是必然的趋势。随着水价机制的改革，内地进一步开放供水市场，水价会根据市场经济的调控不断地进行调整上浮。深圳、东莞两地目前的水价已经接近香港水价，甚至可能会超过香港水价，而国内其他主要大中型城市，如北京、天津的水价已经高过香港水价，这是不容置疑的事实。

五、香港水费价格远低于国际水平

国际上许多发达国家的城市供水水价都基本遵循补偿成本原则。如美国水价的确定，与供水部门的经济运行成本、收益目标直接相关，大多数水利工程都是通过供水部门卖水给用户，用户支付的水费包括从水力工程处的购水费，供水部门的水处理费、配水费、运行维护费、投资与利息、管理费及税收。

1989年美国水法出台后，水工业私有化，公用事业单位的水务局变成纯企业性的股份公司——水务公司。美国水价以约等于5%的通货膨胀速率上涨，至1994年后调整为略高于通货膨胀率上涨。为控制用水，实行阶梯水价。目前，美国水务公司的投资回报率约为6%。

中国香港的供水价格多年来没有调整，与其他发达国家城市相比，也属偏低。

根据香港立法会发布的2014—2015年度研究简报《香港水资源》，水费相当低廉，冲厕用的海水免费使用，而饮用的淡水则按政府补贴的收费机制征费。香港的用水收费水平，更远低于与香港的人均本地生产总值相近或比之更低的其他发达国家城市。①

① 香港立法会秘书处资料研究组. 香港的水资源［R］. 研究简报（2014—2015年度），2015（5）：2.

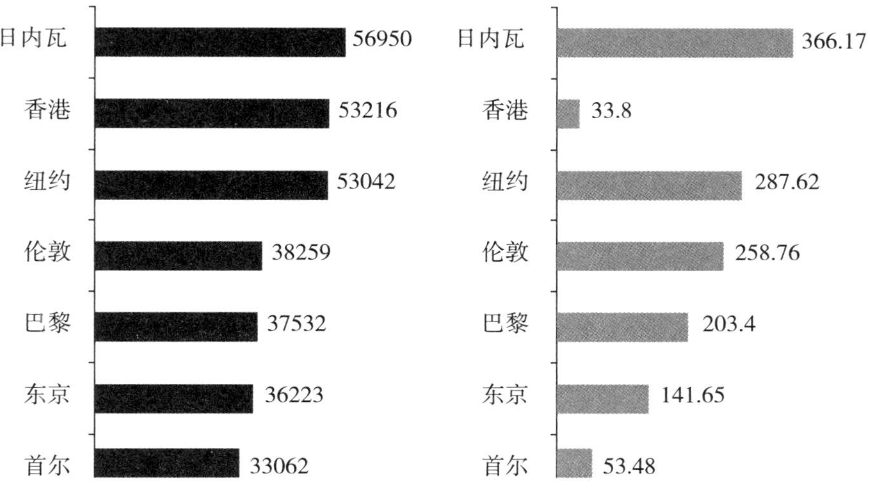

2013年发达国家城市的人均本地/国内生产总值及水价

注：相关城市的人均生产总值按其所属国家的人均国内生产总值计算，而用水收费则按其所收取的有关费用计算。（资料来源：International Water Association 及World Bank）

第三节 马来西亚向新加坡供水的成本与价格

一、新加坡的供排水

（一）新加坡概况

新加坡位于马来半岛最南端，由一个大岛（新加坡岛）和63个小岛屿组成，国土面积约710平方千米，新加坡岛的面积为628平方千米，约占全国面积的88.5%，该岛南北约23千米，东西约42千米。新加坡地势平坦，海拔最高165米。距赤道142千米，属热带海洋性气候，年平均气温为24～27摄氏度，年平均最高气温31摄氏度，年平均最低气温23摄氏度，气候潮湿，全年高温多雨。虽然降雨量充沛（2400毫米/年），却属于水源性水资源缺乏国家，原因是海拔太低，无良好含水层，土地面积太小，河流较短，水资源调蓄能力较差，天然水资源十分有限，加之人口密度大，人均水资源量仅为211立方米，在世界各国排名倒数第二。新加坡现有人口约567.5万，2011年每天用水量约160万立方米。目前人口年增长率为1.9%，如何为越来越多的国民提供清洁用水，是政府密切关注的问题之一。过去十年，新加坡取得了3.6%的年均经济增长率，为保持经济繁荣和稳步增长，政府把水资源视为国家存亡的命脉。

（二）新加坡的水务管理机构

新加坡的水务管理机构是公用事业局，成立于1963年，最初其职能是负责水源的收集、净化、供应及水回收处理，后来还负责管理电力和煤气。从2001年4月1日起，公用事业局又从环境部手中接过管理废水和排水系统的任务。这项任务转移让公用事业局能够规划并实行全盘政策，包括保护和扩大水资源、雨水管理、淡化海水、用水需求管理、社区性计划、集水区管理、对某些非核心任务的特定活动外包给私人企业，以及举办公共教育及增强节水意识活动。

（三）新加坡的早期供水

柔佛河的西南部，是新加坡的主要水源和集水区内的水库群。

新加坡厄伯皮尔斯水库一角

1927年，马来西亚出租一个岛给新加坡，允许其免费使用柔佛河的淡水。

1932年，输水管道开始通水，还修建一条稍小的管道将处理后的水排放至柔佛河。

1942年日军进攻新加坡，埋有供水管道的堤防被撤退的英军炸毁，这导致新加坡的水源仅够维持两周的供水。李光耀认为，这就是他想让新加坡水源自给自足的原因之一。

20世纪60年代，新加坡经济持续快速增长，水的需求也急剧增加，从马来西亚进口水水量增加，当地水库也急剧扩张。1961—1962年，在马来西亚独立和新加坡自治期间，马来西亚预见水费的支付应列在租岛费用之外。因此，1927年的协议被1961年、1962年的两个协议取代。

根据新的协议，新加坡建造了两个水处理厂和一个更大的管道连接柔佛河，将处理过的水输送回柔佛河。

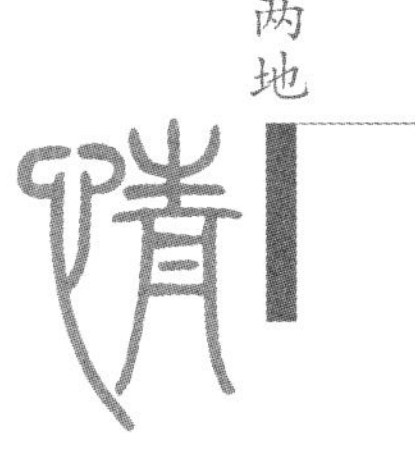

1965年，新加坡独立。马来西亚总理说，如果新加坡的外交政策有损马来西亚的利益，将通过关闭柔佛河的供水持续给他们施压。马来西亚人指出，必须在马来西亚和印度尼西亚的冲突中，防止新加坡与后者站在一边。这也是李光耀想让新加坡供水能够自给自足的另外一个原因。

因此，在缓慢增加柔佛河供水量的同时，新加坡境内也着手开展水源建设。包括在河口地区筑坝，比如1975年的Kranji-Pandan岛计划，完成了河口筑坝及岛内建库。同年，厄伯皮尔斯水库完工。部分水源计划中的另外四条河流也成功筑坝。1983年，实利达河口大坝建成。但就新加坡缺水状况来看，这些工程都还不够，而海水淡化又太贵，故新加坡想在柔佛河上建坝并配套水处理厂。经过六年艰难的谈判，1988年双方签订了备忘录，并于1990年签订协议，马来西亚允许新加坡在柔佛河建坝。

（四）与马来西亚失败的水谈判（1998—2002年）

1998年，新加坡开始主动和马来西亚商谈2011年、2061年的用水协议。作为回应，马来西亚最初请求提高水价，确定为4美分/立方米，这个价格仍远低于海水淡化或新生水价格。然而，2002年又提价为0.45美元/立方米，理由是香港支付约1.76美元/立方米给内地。这个水价已经接近于海水淡化的价格了。新加坡政府认为马来西亚无权更改水价，并进一步阐明说，香港的水价还包含了内地的基础设施建设费用，而马来西亚仅提供取水口，其他所有设施都是新加坡建设的。新加坡拒绝了这个价格，最后决定放弃2061年的远景供水。取而代之，新加坡决定自给自足，原协议至2003年失效。

（五）开始自给自足（2002年后）

虽然与马来西亚供水协议还有效，新加坡已经开始通过一套完整的水管理体系，准备自给自足，包括重复利用水和海水淡化。1998年，新加坡成立了水研究机构（NEWater Study），判断再生水处理后是否可以达到饮用标准。公用事业局在2001年承担了促进新方法利用这一工作，之前这些工作归环境部门主管。新政被称为“四个水龙头”，第一个和第二个水龙头是当地的蓄水池和进口水源。[①②]

1. 蓄水池收集雨水（“第一个水龙头”）

雨水收集系统：第二次世界大战结束时，新加坡内陆仅有三个蓄水池，即位于中央集水区的麦里芝蓄水池、实里达蓄水池和庇亚士蓄水池。20世纪60年代，随着工业的快速发展，新加坡需水量逐渐增加，同时又遭遇了极度干旱，迫使新加坡公用事业局只得将原有的蓄水池逐渐扩大，仅实里达蓄水池就扩大了35倍。新加坡政府以后更加重视集水管理，逐步建立起了完善的雨水收集系统。雨水由河流、小溪和沟渠导流并储存在蓄水池里。

目前，新加坡共有14个蓄水池和一个暴雨收集池系统。各个蓄水池之间有相通管道，过剩的蓄水将直接引入蓄水量不足的池内，确保各水池的

---

① 侯宝琪．新加坡供水事业简介［J］．城镇供水，2000（5）：45-47.

② 屈强，张雨山，王静，等．新加坡水资源开发与海水利用技术［J］．海洋开发与管理，2008，25（8）：41-45.

蓄水空间得到最大的利用。为了扩大蓄水规模，新加坡正在建设蓄水规模更大的滨海蓄水池，如今最大的金海湾蓄水池建于2008年，位于一条已经阻隔了海水的河流的河口。2011年6月完成了两个相似的蓄水池大坝，即Puggol蓄水池大坝和石龙岗蓄水池大坝。

集水区保护：由于土地面积狭小，新加坡妥善具体地划定集水区，制定了合理的集水区规划，按照地理位置、土地利用情况、周围污染源分布、人口分布情况、土壤结构和工程建设难易程度等情况选择集水区位置。最早被划分为受保护集水区的面积占全国面积不到5%，目前已占到一半。2009年滨海蓄水池、榜鹅河蓄水池和实龙岗河蓄水池落成后，新加坡的集水区面积，将扩增到国土面积的2/3。

新加坡建立了完善的法律来保护这些集水区，先后颁布了水源污化管理及排水法令、制造业排放污水条例、畜牧法令、毒药法令、公共环境卫生法令、国家公园法令与条例、公用事业（供水）条例和公用事业（中央集水区与集水区公园）条例等法律文件。2003年新加坡进一步在宪报上公布，对水资源可能产生污染的活动，一律不准在这些保护区内进行。为了从严贯彻这些法律规条，从 1971年开始，新加坡公用事业局就成立了污染监测小组，通过日常的野外检测来监视以及阻止可能对集水区造成污染的活动，并按照法律条文要求，经常对工厂，特别是坐落在集水区的工厂进行例行及突击检查，以确保这些工厂的排放水符合制造业排放污水条例标准。公用事业局的中央供水检验室每天都对水源、净水厂、蓄水池、管网及用户中抽取的水样进行检验，通过这些检测和检验，确保供水符合水质标准。

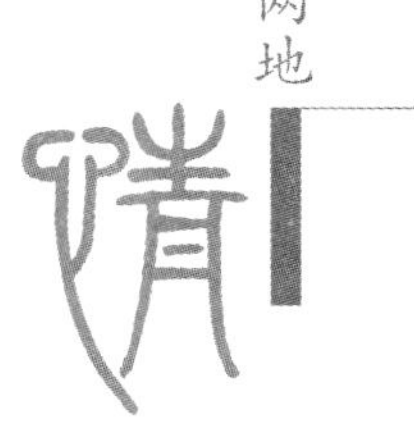

2. 从马来西亚进口淡水（“第二个水龙头”）

新加坡在1965年8月成为独立的国家。当其还隶属英国殖民地自治邦时，于1961年和1962年签订了两份长期供水协定。在这两份供水协定下，新加坡可从邻国马来西亚的柔佛州以每4.5立方米少于1美分的价格输入原水，同时，柔佛州由于缺乏净水设施，新加坡在马来西亚境内建设了净水厂，经过处理的水一部分返销马来西亚，其余部分则从横跨两岸的2千米长堤上的3条水管输入新加坡。上述两份协议的有效期分别为50年和100年，分别将于2011年和2061年到期。此外协议还规定，协议执行25年后双方重新审议水价。因此，从20世纪80年代中期以来，新马两国就续签供水协议进行了多年的拉锯式谈判，双方在价格问题上一直僵持不下。长期以来，供水问题一直困扰着两国，成为影响国家关系的一个重要问题。由于随时都有被切断水源的危险，新加坡在此问题上承受着巨大的压力。吴作栋总理曾指出：新加坡建国以来就致力同马来西亚保持友好稳定的关系，如果供水是影响新马发展睦邻关系的主要问题，新加坡将减少对马来西亚水供给的依赖，此举更有利于两国的长远利益和发展。为此，新加坡决定采取积极行动来减少对马来西亚的供水依赖，于是诞生了多种用水方式，如建雨水蓄集系统、生产新生水和进行海水淡化。

3. 2002年新加坡委托建设了第一个新生水工厂（“第三个水龙头”）

新生水是超出饮用水标准的纯净回收水。新生水是将经过二级处理的排水，用先进的反渗透膜技术与紫外线消毒进一步净化而生产的，它是超纯净和可安全饮用的。新生水通过3万次以上的科学检验，其水质超越了世界卫生组织的饮用水标准。

新加坡在面对供水安全的问题时，从战略性的角度选择了经过净化处理后流入海中的污水来研究废水再生，这一研究早在1970年便开始，第一个实验性废水再生处理厂得以建设，由于经济效益和技术问题，该厂于1975年关闭。

1998年，新加坡公用事业局与环境部又进行了废水回收的研究。坐落于勿洛供水厂下游的试验性新生水厂于2000年5月开始运作，每天生产1万立方米再生水。其水质不仅比公用事业局所供应的自来水好，也符合美国环境保护局和世界卫生组织的水质标准。实验成功后，公用事业局决定扩大废水的回收、处理和再生规模，这是少数国家才会采取的措施。2003年的废水再生投资额高达11600万新元。在2002—2004年期间，废水的处理量从每天131.5万立方米增加到每天136.9万立方米。

目前，100%的用户废水都排入废水管网，然后输送到供水回收厂处理。废水经过二级处理后，再通过微滤膜、反渗透膜及紫外线技术处理，就成为新生水。新加坡生产新生水的工厂现有3座，即实里达、勿洛和克兰芝新生水厂，总产量为每天9.1万立方米。这些新生水厂通过100千米长的水管输送网络，分别为新加坡的东北部、东部和北部地区供水。此外，公用事业局还与私人企业合作，在乌鲁班丹建造新加坡最大的新生水厂，每天产量可达11.4万立方米。

新生水在质量方面虽然可以保证安全饮用，但主要还是作为工商用途。其纯净度比自来水高，是某些制造业生产过程的理想用水，例如需要超纯净水的半导体制造业。有少部分的新生水（2002年为每天0.9万立方米及2005年每天2.3万立方米，或每天用水量的大约1%）被掺入蓄水池中，然后经过处理作为家庭用途。2011年，新加坡每天能够生产29.5万立方米的新生水，其中4.5万立方米（用水量的2.5%）将间接供应给家庭，25万立方米则作为工商用途。21世纪初，公用事业局每天可以将2.3万立方米的新生水与蓄水池里的水混合，到2011年，这部分水量已经提高到4.6万立方米。

4. 2005年新加坡兴建了第一个海水淡化厂（“第四个水龙头”）

新加坡在海水利用方面有着得天独厚的优势，面对水资源危机，和其他滨海国家一样，积极研发海水利用技术。通过淡化海水来增加和扩大海水供应，海水淡化已成为水源供应管理的重要组成部分。

2005年9月，新加坡兴建的第一座国家级海水淡化厂——大士新泉海水淡化厂建成并启用。该厂是新加坡公用事业局第一项与私人企业合作的项目，由私人企业设计、兴建、拥有和投产，生产的淡水被输送到新加坡公用事业局所拥有的水库，经处理后送往用户，以供饮用。新泉海水淡化厂总投资为2亿新元（约合1.2亿美元），占地6万平方米。该厂采用反渗透法淡化海水，每天可生产13.6万立方米的淡化水，是全世界规模最大的膜法海水淡化厂之一。该厂在建设和运营中十分注意成本控制，在第一年的运作中，淡化海水的成本是0.78新元/立方米，而当时新加坡的水价为1.1新元/立方米。据此推算，该厂第一年的盈利就可达2000万新元。如今海水淡化在新加坡成了利润丰厚的朝阳产业。新泉海水淡化厂每天生产的淡水，能够提供全国10%的需水量，在增加和扩大可供使用的水资源方面做出的重要贡献，被政府称为“第四个水龙头”。

（六）未来的供水设想

新加坡希望在1962年协议（协议期至2061年）到期前实现水源自给自足。根据某机构2003年的分析，至2011年新加坡已经可以实现水自给自足，水威胁已经看起来没有那么严重。然而，根据官方预测，在2010—2060年间，新加坡的需水量预期可达173万～346万立方米/天。增长主要来自非家庭用水，其在2010年的需水量中约占55%，有望在2060年增长至70%。届时回收水有望提供一半的需水量，海水淡化水提供30%，剩下的20%则由内部水库群来提供。

二、新加坡的水价

从2000年7月1日起，新加坡家庭用水量每月在40立方米以内的，以及非家庭用户的收费，一律为每立方米1.17新元。每月用水量超过40立方米的家庭用户，收费则是每立方米1.40新元，这比非家庭用户的收费高。从即日起，家庭用户每月首40立方米的耗水税调高至30%，而非家庭用户则一律征收30%的耗水税。但是，家庭用户的用水量每月若超过40立方米，却须支付45%的耗水税。换言之，高用水量的家庭用户须付更高的税。

新的收费制度实施后，人均用水量逐年递减，从1995年的每人每日平均用水量0.172立方米下降至2005年的0.16立方米。这说明，新收费制度对用户的用水习惯影响显著，是一项有效的节水措施。新加坡的阶梯水价制度向公众传递了明确的信息，即鼓励节约用水。其供水水价情况见表5–9。

表5-9　新加坡供水水价情况

每月用水类别	水价/（新元·m^{-3}）	节水税	排污费/（新元·m^{-3}）	每月每单位公卫用品费用
家庭用水	1.17（40m^3以下）	30%	0.3	3
	1.40（40m^3以上）	45%		
非家庭用水	1.17	30%	0.6	3
船务用水	1.92	30%	无	无
工业用水	0.43	无	无	无

按照新加坡2004年人均每日162升的用水量来算，一个四口之家每月的用水量为20立方米，应付水费36.4新元。就家庭用水来看，每月用水量在40立方米以下，除去公卫用品费用，算上节水税和排污费，每立方米水费为1.82新元；每月用量一旦超过40立方米，相应的费用则上升到2.33新元/立方米，涨幅高达28%。

三、新加坡水价与香港水价没有可比性

新加坡水价与香港水价没有可比性，表现在水源的地域性、水源的开发利用和水源的供排水系统等几个方面，其都与香港东江水源有很大的不同，两者无法相提并论。

首先，在水源的地域性方面，新加坡在独立之前，作为马来西亚的一部分，地理位置处于柔佛河的河口地区，自然而然是以柔佛河为水源，这一点合情合理。而且，从1927年最早签订的租岛协议可以看出，新加坡使用柔佛河的淡水以支付租岛费用为前提，租岛的费用中含有使用淡水的费用，并非一分钱不花。

其次，在水源的开发利用方面，从河流水库大坝到水源工程、输水管网等一系列供水设施，都由新加坡投资、施工、运行和维护。1932年首次建成输水管道开始通水，同时还修建了一条稍小的排水管道将处理后的水排放至柔佛河。1962年新加坡又新建了两间水处理厂和一个更大管径的输水管道连接柔佛河，给柔佛河提供了更多的远低于处理费用的处理后的水，只因为当时有政治舆论认为，新加坡会成为马来西亚的一部分。经过1983—1988年长达6年的谈判，1990年协议签订后，新加坡又在柔佛河上筑建大坝和配套水处理厂，进一步提高供水量和回收水量。在获取柔佛河淡水资源方面，新加坡自始至终都是独立自主、自力更生地开发建设自己的供水体系，工程设施建设都与马来西亚没有任何关系。

最后，供排水系统的投入方面。新加坡从柔佛河取水后，又将处理后的水输送回柔佛河，水资源不仅可以充分利用，而且对柔佛河的生态环境也极为有利，不会因为取水而影响河道内的生态环境。新加坡不仅开发水源需要投资，而且处理污水也需要投资，开发利用和保护修复都付出了巨大的成本。目前，柔佛河上游的大坝有效地阻挡了海水上溯，使马来西亚沿河两岸的水资源利用条件也大为改善，这也是马来西亚得到的额外收获。

总之，新加坡是完全独立地开发利用马来西亚境内的柔佛河水源，并承担了保护水源的责任，马来西亚只提供了取水口，这是与香港最明显的不同。香港的东江水源工程由内地设计、施工、投资兴建，运行期的维护和管理也在内地，再加上东江流域面积是香港的35倍，流域水资源的保护主体自然也是在内地。

另外，地理位置也是两者很大的差异。新加坡位于柔佛河下游河口地区，取水自然便利很多；而香港与东江跨越分水岭，属于不同的流域，东江水需要翻山越岭跨流域调水才能引入香港，这无疑提高了供水的难度和供水的成本。

综上所述，新加坡与香港的水价无论从哪方面讲都无法相提并论。

第四节　东江水和海水淡化的成本比较

一、海水淡化成本昂贵

（一）海水淡化的由来

海水淡化，就是采取一定的方法使海水脱盐变成淡水后加以利用。

早在四百多年前，英国王室就曾悬赏征求经济划算的海水淡化方法。直到16世纪，随着航海技术的发展，在漫长的海上旅行中，人们才开始努力利用海水来补充淡水不足，这就是海水淡化技术的开始。

真正意义上的海水淡化则是在第二次世界大战之后发展起来的。战后，国际资本大力开发中东干旱地区的石油，使得这一地区经济迅速发展，人口快速增加，然而，干旱地区不可能提供足够的淡水资源，因此，海水淡化必然成为该地区解决淡水问题的唯一方法。

20世纪50年代末至60年代初，随着全球经济发达地区水资源危机的加剧，海水淡化也得到了加速发展，海水淡化技术也越来越成熟。

一般来说，海水淡化的方法有电渗析法、蒸馏法、反渗透膜法，以及碳酸铵离子交换法等。其中，最常用的方法是反渗透膜法和蒸馏法。但是，不管哪种方法，都需要消耗大量的能源，而且设备投资、运行维护、材料更换等耗费巨大，使得海水淡化的成本一直居高不下。除非像中东那样的干旱地区，不缺能源，只缺淡水，海水淡化得到很好的发展外，其他地区只要不是严重缺水，海水淡化产业都发展得相对缓慢一些，其原因就是成本太高。

（二）香港的海水化淡工程

世界上第一座大规模的海水化淡厂是1975年建成的香港青山乐安排海水化淡厂。但运行不到三年便关停，原因还是成本太高。

1959年，港英当局曾考虑利用核能将海水淡化为可饮用水，但生产成本每立方米2.5港元，总投资约需5.6亿港元，比兴建船湾淡水湖还要高。

如果利用电力及蒸馏技术分解海水的盐分，耗电量则相当大，电力供应无法提供大量生产。

1963年，为处理严重干旱期间的紧急供水问题，港英当局成立用水供应紧急委员会，正式展开研究蒸馏海水化淡，以借此纾缓水荒。

同年10月，香港电灯公司和中华电力公司建议利用电热蒸馏法，将海水化为水蒸气，再用急速冷却方法，使蒸汽化为淡水，得到港英当局同意。于是分别在北角炮台山道香港电灯公司附近、红磡鹤圆电厂及长沙湾新填地西进行海水化淡研究。两公司初步估计，利用电热蒸馏法每天可生产淡水18万立方米，每立方米成本约为1.1港元，当时住宅用水每立方米是0.18港元、工业用水是0.22港元，两者相比，贵了5倍多。据当时报纸记载，两家公司的电热蒸馏锅炉，每天只能生产9092～13 638立方米水，实际生产成本每立方米超过1.1港元。1964年后，港英当局委托宾尼及合伙人（香港）公司进行海水化淡研究，并斥资4000万港元购买两座当时世界最大规模蒸馏海水机，计划1966年投入生产，将海水化淡能力稳定在每天13 638立方米左右，但成本却由每立方米1.1港元增至1.5港元。由于海水化淡成本高昂，无法大规模生产，故利用蒸馏海水抗旱应急，并不奏效。

1969年，港英当局计划扩大海水化淡生产规模，希望通过海水化淡开辟新的水源。1970年首座海水化淡试验厂于青山道大榄涌水塘附近兴建，选址位于珠江出口，海水盐分较低，水质较清，且临近大榄涌水塘，海水化淡后可直接输往水塘。

1971年，香港立法局财务委员会正式拨款200万港元，作为该厂2～3年实验期的营运费。该厂实验结果为后来香港建成全球最大的海水化淡厂提供了宝贵的基础数据。[①]

---

① 何佩然. 点滴话当年——香港供水一百五十年［M］. 香港：商务印书馆，2001：202.

乐安排海水化淡厂施工以前，港英当局耗费200万港元进行化淡实验计划，包括在大榄涌附近建立一个小型海水化淡先导厂。该厂提供了宝贵的数据，为1975年香港建成当时全球最大的化淡厂奠定了基础（摄于1971年2月）

1973年，港英当局斥资4.6亿港元正式筹建当时全世界最大规模的海水淡化厂——青山乐安排海水化淡厂。工厂占地61 000平方米，第一组锅炉于1975年10月正式投产，可生产淡水3万立方米，每日消耗燃料6.8万港元，燃料占生产成本的75%，其他费用包括机器折旧、职工薪酬、维修及化学品。翌年每日生产淡水12万立方米，占全香港耗水量的12%，每日生产成本为32.4万港元，但港英当局于1976—1977年度的水费收入只有3853.7万港元，平均每日的水费收入不及10.6万港元，远不及海水化淡厂的生产成本。[①]

化淡厂坐落香港境内西面的青山乐安排，占地广阔，1973年施工，1975年正式投产。淡化后的水，经大榄涌水塘供水系统输往市区（摄于1973年）

① 何佩然．点滴话当年——香港供水一百五十年［M］．香港：商务印书馆，2001：203.

工人正在装嵌海水化淡厂厂房（摄于1974年8月）

1977年，香港再次因降雨量不足而实行二级制水。为增加水供应量，同年9月，6组锅炉全面使用。政府计划扩大化淡厂规模，将生产扩大到每日27万立方米。然而，燃油短缺和价格高昂，该计划最终没有实现。据水务署资料，同年每组海水化淡锅炉，每日约消耗燃油175吨，每个锅炉每日的燃料费为6.8万港元，6组锅炉同时运行，单是燃油费每日需花费40.8万港元。海水化淡生产成本如果只考虑燃油耗费，每立方米就达2港元，再考虑其他费用，每立方米海水化淡生产成本需2.6港元，十分昂贵。1978年6月，全香港水塘蓄水量均达半数，而天文台又预测雨季雨量充足的情况下，港英当局立即宣布暂时关闭。

化淡厂临时关闭一年后，港英当局宣布增加水费，在一片抱怨声中，社会舆论、市政局议员以至一般市民，均认为当局应放弃昂贵的海水化淡计划。虽然港英当局认为海水化淡计划可于天旱时弥补用水不足，有保存的价值，但却得不到社会认同，海水化淡厂重开之日，变得遥遥无期。

1981年香港再现水荒，3月份水塘总存量只有44%，天文台预测是年雨量将会比正常年份少25%，当局计划重开化淡厂以纾缓水荒，海水化淡厂有望重启。由于中东伊拉克与伊朗发生战争，翌年燃油价格上涨，比1978年上涨了3倍。1981年每生产1立方米淡水，成本将高达8.4港元，工厂每年的营运成本将增至5亿港元。1981年海水化淡的成本与1974年初相比，增加了8倍。除了生产营运支出巨大外，1972年港英当局曾为兴建海水化淡厂向亚洲发展银行借贷2150万美元，至1981年仍有1000万美元债务尚未偿还。在水务署1979—1980年的账目中，出现1.3707亿港元赤字，当局必须增加水费及其他税收，以平衡收支。重开海水化淡计划，受到社会各界人士尤其是工业界强烈反对，社会舆论大都认为要求广东省增加供水才是开源的良策。

1982年，受到社会多方压力，港英当局终于决定关闭化淡厂。翌年，物料供应处将该厂价值1300万元、重1.2万吨的燃料出售，这个曾经是世界上最大的海水化淡厂从此寿终正寝。[①]

二、东江水比海水淡化便宜

香港水务署于2012年12月在将军澳第137区开展海水化淡厂的策划及勘查研究，并于2015年3月底大致完成。为确保极端气候下也能供水，拟建海水化淡厂的初期日均产能为13.5万立方米，占全香港总用水量约5%，并预留扩建空间，最终日均产能可达到27万立方米。研究已确定整体技术的可行性，项目也符合环保的要求。海水化淡厂的初步设计已经完成。

海水化淡主要利用逆渗透技术生产淡水。近年来，海水化淡的成本随着逆渗透技术的日渐普及而逐年降低，但逆渗透技术需要耗用大量能源，故利用海水化淡技术得到的淡水的价格仍然较高。经济损益分析以最佳整体使用周期成本为重点，估计拟建海水化淡厂的单位水生产成本约为12～13港元/立方米（按2013年物价水平计算），与海外其他国家同样采用逆渗透原理海水化淡技术生产的淡水单位成本基本一致。

通过海水化淡生产的水不可能全部被公众接受，也不可能全部替代天

---

① 何佩然. 点滴话当年——香港供水一百五十年［M］. 香港：商务印书馆，2001：204-207.

然淡水，这是基本的事实。

东江水供香港水价在2015—2017年分别为每立方米5.15港元、5.48港元及5.83港元，换算成人民币约为每立方米4.15元、4.39元及4.69元（取汇率0.8051计算）。

目前东江水的价格还远低于海水化淡的成本价格，两者相比，东江水还不到后者成本价格的一半。另外，东江水是降雨径流形成的天然地表水资源，公众对其更有认同感。因此，东江水作为天然的水源仍然是方便经济而又可靠的供水水源，不可能被其他水源完全替代。

第五节　关于东江水供香港的争议和辨正

一、质疑东江水供香港的言论

东江水是香港的生命水，东江水供香港体现了中央政府对香港民生和经济发展的关心。但近年在世界范围出现反建制、反精英、反全球化的民粹主义思潮，香港的本土分裂势力有所抬头。在此背景下，香港出现了一些质疑东江水供港的言论。在此，我们选择有代表性的观点予以梳理。

1. 质疑东江水“水价贵”

一些媒体和香港民众指责供香港东江水水价太贵，内地公司借卖水赚取暴利，有人表示，“粤港供水业务赚取的利润超5成，香港向内地买水比新加坡向马来西亚买水贵10倍”。

相关的话题炒作从2000年开始，一直未停。香港立法会的调查报告指称，香港购买东江水价格为每立方米3.08元，价格比新加坡向马来西亚购买原水代价每立方米0.33港元贵10倍。也曾有立法会议员质疑东江水价格升幅高于通胀，2009—2013年间的累积升幅达26%，并提出当局在即将展开的协议谈判中应控制成本。

2. 质疑供香港东江水过剩

某些媒体和香港民众指责广东方面强推卖水，造成香港方面不得不把多余的东江水排入大海，而买水的钱却一文不能少。有人表示，“供水额度能超不能少，香港不要也得要，5年间政府无奈把30亿港元东江水排入大海”。

3. 质疑东江水水质差

早在2000年，就有立法局议员批评东江水又贵又脏。近年来，反对派不时也拿来说事，但这些言论基本上因为没有依据而仅仅出现在口头或网络跟帖上，如“是一江清水，还是一江浊水？！”但正规媒体上则少见。

4. “香港一滴东江水也不需要”

更有人散布极端情绪化的言论，声称“香港一滴东江水也不需要”。所谓“东江水什么价？每吨四点三二港元！若加上严重污染（绿色和平组织：犹如粪水！）的净化费用，每吨七元。高过淡化海水近倍，也大大高过大马卖给并非‘同胞’新加坡的水价。”

5. 声称东江水供香港是中央政府“锢身锁命”控制香港的政治手段

当然，除了上述质疑东江水供港的观点外，在香港则有更多支持东江水供香港项目，呼吁香港民众理解内地良苦用心，并为支持东江水供香港提供更多正能量的观点。明报新闻网曾发表文章，香港特别行政区发展局局长陈茂波在文中指出，广东为了支持香港，动用上万人力花约一年时间完成工程，解决香港水资源不足的问题，支持香港社会经济民生稳定发展，时至今日仍为香港供水提供重要保障。近年有人把东江水供香港安排与其他地方比较，并提出质疑，例如新加坡向马来西亚购买水价比较便宜等，陈茂波指出，两者供水安排不能作过于简单比较，“新加坡和马来西亚两地是在1962年签订供水协议，为期99年，期间新加坡除了需要向马来西亚支付固定水费外，还需要就水抽取设施所使用的土地，向马来西亚支付租金，同时亦须将部分经处理的水，以相对低廉的价格再卖给马来西亚”。另外，香港地区全国人大代表胡晓明在东江水供香港五十周年之际表示，“水是生命之源，香港若然再度遇到缺水的情况，经济发展必然会受到损害。东江水是香港可靠而稳定的供水来源，因此我们不应该否定其价值”。

《南方日报》推出的《追溯供港水——东深工程对港供水五十周年》系列专题报道，报道称：从小的方面说，东深供水满足了香港等沿线地区的百姓民生需求；从大的方面说，解决了香港水源匮乏的瓶颈问题，奠定了其经济社会稳定的基础。香港特别行政区立法会议员叶国谦说：“东江水是香港的命脉，没有了东江水，香港不可能成为一个繁荣稳定的城市。”对于有些人诋毁内地通过东江水赚钱，叶国谦表示：“很明显，东江水的资源各个城市都抢着要，今天香港不要，也有很多城市想要接收。”香港特别行政区政府水务署前副署长吴孟冬一直致力于对香港供水工作，他认为，“每一个城市的发展之基就是水资源，如果没有东江水，就没有香港的今天”。

新华社《瞭望东方周刊》发表文章《深圳香港与粤港供水公司之间的三赢》，香港思汇政策研究所大中华区经理刘素在文中指出，东深供水在当时不仅对香港，而且对内地，都有着深远意义。从经济上是一个双赢结局，从政治上更是加强了双方维系，为后来的‘一国两制’做出了重要贡献。香港从东江获益，饮水思源，有责任有义务‘反哺’水源地，尤其是经济欠发达地区，大家一起资源共享、责任共担。特别是，如何跨区域搭建起每个利益相关者都有效沟通、有份合作的平台，是需要解决的重要课题。[①]

二、东江水供港辨正

（一）供港东江水水价合理

按照粤港双方商定，东江水供香港交易项目每三年签订一次协议，双

---

① 深圳香港与粤港供水公司之间的三赢［J］. 瞭望东方周刊，2011.

方商定每年的水量与水价。自2012年以来，香港方面用于支付购入东江水的金额分别是2012年35.387亿港元、2013年37.433亿港元和2014年39.5934亿港元。根据2014年底签订的三年协议，2015—2017年需分别支付42.2279亿港元、44.9152亿港元和47.7829亿港元。

按每年东江水输香港的总量和总价计算出每立方米的单位价格，2015—2017年各年的单位价格分别是每立方米5.15港元、5.48港元和5.83港元。当然，这是未经处理的东江水的单位价格，如果加上入香港后的净化费用等，东江水总成本在每立方米8港元以上。

有香港居民提出供香港东江水4～5港元/立方米的价格，比内地如深圳、东莞、惠州的水价高了不少。对此，广东省水利厅的有关负责人回应，东江沿线内地各市的水价是由省发改委（原由省物价局）确定的。一般而言，各市的水价是根据财务资料来定的，没有把环保成本、水利建设费等计算进去，因为这些都是由省里统一安排的，相应的成本也在省里统筹了。而香港在财税上是独立的，不需要向中央和省里上缴税收，故两者无法相提并论。

关于水费每年递增是否合理的问题。看历年的水价总额，东江水价格每年升幅为5%～6%，这个增幅是否合理呢？通过走访香港水务署及广东省水利厅，得到的回复是，水价协议定价的考虑因素主要有三个方面：一是东江水在广东输送至香港的营运成本，其中包括了维护东江流域生态环境的成本、水利工程建设成本、水质监测与维护的成本、银行贷款付息等；二是人民币与港币间的汇率变动；三是粤港两地间的物价指数。看上去水价总体上是逐年递增的，但实际上水的成本价本身并没有提高，主要的变量作用是汇率和物价指数的增长。广东省水利厅有关负责人解释说，1999—2014年，CPI指数累计上涨了34%，而东江水价则上涨了33%，与物价指数基本持平。其间，广东省为维护东江流域水质、生态而产生的水利工程投入、环保投入等，以及汇率变动的因素，这些都没有考虑进去。该负责人还指出，内地南水北调工程向北京输水的水价已高达人民币10元/立方米，因此，相比之下，有关方面的人士直呼东江水价还是太便宜了。

关于新加坡从马来西亚购水只有东江水价的1/10，香港某些人显然是断章取义。事实上，两者供水不能作简单的对比。

首先，在水源工程建设方面，从柔佛河筑坝到取水工程、输水管网等一系列供水设施，都由新加坡全额投资、建设与运行管理，同时新加坡还负责将处理后的回用水输送回柔佛河，马来西亚只是提供了取水口。这与香港情况截然不同，香港的东江水源工程——东深供水工程由内地设计、施工、投资兴建，运行期的维护和管理都在内地，再加上东江流域的保护主体也是内地。

其次，两者所处的地理位置也有很大差别。新加坡位于柔佛河下游河口地区，地势偏低，取水自然便利很多，而香港与东江跨越分水岭，属于不同的流域，东江水需要翻山越岭跨流域调水才能引入香港，无疑提高了供水的难度和成本。

所以，新加坡水价与香港水价没有可比之处，不可同日而语。

正如香港中文大学何佩然教授所说：“这与东江水供香港两者没有可比性。香港能到马来西亚买水吗？”

此外，新加坡从马来西亚柔佛河取水也不是一帆风顺的。双方的合作实际的情况也并不如香港某些人所言的那么和谐。1961年和1962年，新马两国就供水签订了两项合约，当时议定由马来西亚的柔佛河向新加坡供水，分别于2011年及2061年到期。问题出在当时议定的水价，马来西亚以每立方米水0.66分（马币）（约合0.002美元）卖给新加坡，并以每立方米11分（马币）的价格回购净水。但马方现在觉得水价过低，只利于新加坡，而使马来西亚吃亏，因此需要重新定价。但到目前为止，双方还没有达成共识。马来西亚军队高级军官曾忧心忡忡地表示，如果马新供水问题无法妥善处理，有可能引发两国的军事冲突。

（二）“统包总额”的供水方式有利于香港

有香港民众质疑供水过剩，大量花钱购买的水被政府排入大海的问题。经调研得知，在2006年香港采取“统包总额”方式购水以前，确实出现过“排水入海”的问题。因为1997年金融危机以后香港曾发生用水量下降，而降雨量却非常充沛的情况。当时香港特区政府按照原计划用量购买足量的东江水，结果用水量减少叠加降雨充沛的因素，导致山塘水坝储水过剩，甚至出现水塘满溢、向海里排水的情况，此举被认为是“倒钱下海”，谩骂声延续至今。自2006年采取现行的“统包制”协议以来，由于每年供水量上限及水价固定，每天供水量则可按存水量调整，所以再没有出现过“排水入海”的情况了。

有香港民众提出为何不采用“按量计价”的方式，用多少算多少钱，以避免造成浪费。2014年11月12日，香港特别行政区发展局局长陈茂波曾对此问题作书面答复：“一是‘按量付费’的方式，难以保证香港可获所需特别是在旱年的供水量。二是如采用‘按量付费’方式，需厘定单位水价。由于没有明确定明供水量，在厘定单位水价时，粤方可能会加入实际供水量不确定的因素，以确保有合理收入作运作开支及相关投资回报。因此，在‘按量付费’方式下，当香港在旱年需要增加输入东江水量时，所支付的款额可能较按现行‘统包总额’方式高。鉴于以上原因，我们建议在新协议中保留‘统包总额’方式。”

这种供水方式后经事实证明，的确是保证香港用水，同时又考虑到东江沿线城市需要的理智之举。现行东江水供水协议每年对香港供水量上限为8.2亿立方米（香港平均每年的用水量约为9.5亿立方米，本地水塘天雨储水可以满足部分需求），这足以保障香港抗御百年一遇的特大旱灾。2011年香港降雨量偏低，只及正常年份的六成，内地供水量达到8.1842亿立方米，接近每年供水量上限8.2亿立方米。当年东莞、深圳同样遭遇旱情，香港供水则得到了优先保障。

广东省政府向香港供水的原则是要多少给多少。同等干旱情况下，优先保证向香港供水。根据2008年广东省制定的《广东省东江流域水资源分配方案》，就深圳、广东其他城市和香港可取用的东江水量设定最高限额。按分配方案，可抽取用作供水的东江水量约为每年107亿立方米，而香港获得分配的供水额为每年11亿立方米。当香港需水量超过协议供水上限8.2亿立方米时，香港仍享有相应的水权。

（三）东江水水质有严格的法规和权威监测机构保障

关于水质差的炒作，主要存在于早期。近年来，随着东江水源保护力度的加大，水质监测和通报制度的严格实行，关于水质差的炒作越来越没有市场。

1991年至今，广东省人大、省政府先后出台了几十个法规及文件以保护东深供水水质。一个省为一条河、一个工程专门颁布如此多的法规，在全国实属罕见。

另外，现在每年向香港供应的水水质均必须经过香港水务署、广东省环保厅检测认可，水质标准都严格高于国家地表水Ⅱ类标准。专门负责东深供水工程水质管理、日常管理的广东粤港供水有限公司成立了专门的水质监测中心，该中心无论在人员配备还是监测设备上均属一流。据了解，该中心工作人员大多是拥有重点科研院校硕士研究生及以上学历的毕业生，中心还设有博士后工作站。除了应用最精良的监测设备之外，该中心还积极搭建平台，与中山大学、同济大学等科研院校及3位院士合作，共同保障水质监测的权威性。

（四）“锢身锁命”控制香港的言论最荒唐

在所有质疑东江水供香港的说法中，“锢身锁命”控制香港的说法表面上似乎名正言顺，却是毫无事实依据，极为荒唐。

前已提及，1963年12月8日，周恩来总理在听取广东省官员关于东江水供香港的方案时，明确指示，供水谈判可以单独进行，要与政治谈判分开。而从港英当局的档案来看，1964年3月16日，港督柏立基（Robert Black）在致英国殖民地大臣的信函中也指出，在东江水供香港工程的进展中，中方“并未强求任何政治回报”。[1]

东江水供香港分明是急香港同胞所急的雪中送炭的善意行动，却被歪曲成别有用心控制香港的政治手段，实在是再荒唐不过的言论。难道眼见香港同胞在水荒中备受煎熬，冷眼旁观反而是正确的做法？

结　语

东江水供香港是具有重大历史意义和现实意义的惠港项目。它体现国家对香港的关心，也是内地与香港构建命运共同体，促进两地共同发展、互利双赢的生动体现。内地政府和东江流域群众为确保稳定地对香港提供优质用水，付出了难以估量的艰辛和努力。任何质疑和抹黑东江水供香港的言论，在事实面前都显得那么苍白无力！

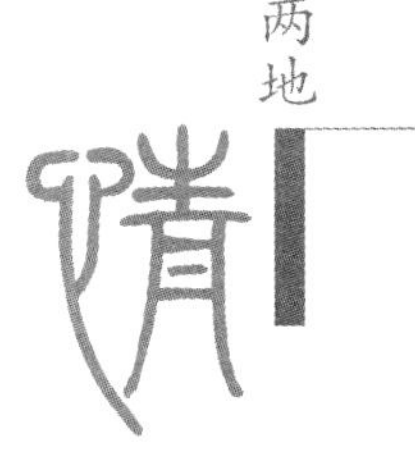

东江水带着浓浓的情谊翻山越岭而来，不知疲倦，从未停歇。

东江水，两地情。让我们携手合作，在建设美好的粤港澳大湾区的愿景下，共创内地与香港之间更加紧密的合作关系，共创东江流域更加美好的明天！

① 香港总督致殖民地大臣函（1964年3月16日）［Z］．英国殖民地部档案CO1030/1590.7：37.

参考资料

一、专著

1. 刘蜀永. 简明香港史［M］. 香港：三联书店（香港）有限公司，2016.

2. 邓开颂，陆晓敏. 粤港澳近代关系史［M］. 广州：广东人民出版社，1996.

3. 邓开颂，陆晓敏. 粤港关系史［M］. 香港：香港麒记出版社，1994.

4. 施汉荣，邓开颂，丘杉. 全球化大潮中的粤港澳经济区——历史、现状与前瞻［M］. 澳门：澳门环球文化传播有限公司，2004.

5. 何佩然. 点滴话当年——香港供水一百五十年［M］. 香港：商务印书馆，2001.

6. 张立，刘新媛，张宇明. 水资源［M］. 广州：广东经济出版社，1998.

7. 刘智森，张立，陈枫. 21世纪珠江片水利发展研究［M］. 北京：中国水利水电出版社，2001.

8. 张少强. 锢国锁命：中国对香港的食水及食物供应［M］. 香港：香港汇智出版社，2014.

9. 王若兵. 深圳市水利志［M］. 广州：广东科技出版社，1990.

10. 王若兵. 深圳市水务志［M］. 深圳：海天出版社，2001.

11. 水利部珠江水利委员会，《珠江志》编纂委员会. 珠江志［M］. 广州：广东科技出版社，1992.

12. 水利部珠江水利委员会，《珠江续志》编纂委员会. 珠江续志（1986—2000）［M］. 北京：中国水利水电出版社，2009.

13. 深圳市史志办公室. 中国共产党深圳历史（1949—1978）［M］. 北京：中共党史出版社，2012.

14. 广东省东江—深圳供水工程管理局. 东江—深圳供水工程志［M］. 广州：广东人民出版社，1992.

15. 深圳市地方志编纂委员会. 深圳市志［M］. 北京：方志出版社，2014.

16. 广东省东莞市水利局. 东莞水利志［M］. 1990.

17. 水利部水资源司，水利部水利水电规划设计总院. 全国重要江河湖泊水功能区划手册［M］. 北京：中国水利水电出版社，2013.

18. 香港经济年鉴［M］. 香港商报社，2015.

19. 香港年鉴（1999—2014）［M］.

20. 深圳市年鉴（2004—2013）［M］.

二、期刊

1. 邓开颂，陆晓敏. 广东的香港史研究［J］. 学术研究，1996（4）.

2. 邓开颂. 国内粤港澳关系史研究概述［J］. 广东社会科学，1994（2）.

3. 刘兆伦. 英明的决策——周恩来总理与东深供水工程［J］. 人民珠江，1998（3）.

4. 梁国昭. 香港缺水问题与东江水资源开发［J］. 热带地理，1997（2）.

5. 孙翠萍. 周恩来与东深工程［J］. 中华魂，2012（18）.

6. 孙翠萍. 东深工程向香港供水的历程与意义［J］. 党史研究与教学，2013（1）.

7. 徐阳. 一江清水　两地情——纪念东江济水香港50周年［J］. 绿色中国，2015（6）.

8. 杨宏英. 东江之水越山去［J］. 清明，1997（5）.

9. 李迪斌. 东江—深圳供水工程再结粤港情谊［J］. 瞭望新闻周刊，1994（13）.

10. 李健辉. 东江碧水泽润粤港大地——纪念东深供水工程建成40周年［J］. 广东水利水电，2005（3）.

11. 卜漱和. 东深供水工程的污染及改造［J］. 团结，2000（4）.

12. 雷扬. 为了“港人”的生命线［J］. 瞭望新闻周刊，2003（33）.

13. 殷艳娇. 同饮东江水　心系粤港情［J］. 广西教育学院学报，2009（1）.

14. 罗建萍. 深圳市原水水价浅析［J］. 中国农村水利水电，2007（7）.

15. 张强，罗杰. 东莞市城市供水面临的问题及对策研究［J］. 人民珠江，2007（6）.

16. 朱爱萍. 东莞市供水安全及其对策探讨［J］. 广东水利水电，2012（10）.

17. 盛德洋. 东莞市供水规划于研究［J］. 城市供水，2003（4）.

18. 郝天文，孔彦鸿. 珍惜水资源　搞好区域城市供水规划——东莞市的供水现状谈水资源的合理利用与规划［J］. 中国城镇供水，1999（1）.

19. 刘春生. 南水北调工程水价的合理确定［J］. 水科学进展，2004（6）.

20. 姜付仁. 2009年城市供水水价调整舆论分析及政策建议［J］. 水利发展研究，2010（7）.

21. 刘世庆，郭时君，刘玉邦. 我国水价机制改革初探［J］. 人民长江，2014（1）.

22. 崔树彬，贺新春，董延军，等. 珠江三角洲向港澳供水的水权水价及管理探讨［J］. 水利发展研究，2008（12）.

23. 侯宝琪. 新加坡供水事业简介［J］. 城镇供水，2000（5）.

24. 屈强，张雨山，王静，等. 新加坡水资源开发与海水利用技术［J］. 海洋开发与管理，2008（8）.

25. 钟华，徐拓倩. "一带一路"框架下的社会科学研究：以香港问题为例［J］. 港澳研究，2016（2）.

26. 封小云. 目前粤港澳经济合作的阶段性特点分析［J］. 港澳研究，2016（3）.

27. 展金泳，张海荣，李浩. 粤港澳区域经济协调发展的时间演变与空间分布研究［J］. 城市发展研究，2016（8）.

28. 陈德雅，林振勋. 东江流域水资源综合利用规划回顾［J］. 水利规划，1997（1）.

29. 张立. 东江流域上下游经济协调发展研究［J］. 人民珠江，2002（4）.

30. 张立. 珠江流域水资源保障体系探讨［J］. 人民珠江，2003（3）.

31. 张立. 初探珠江流域水资源承载能力及其制约［J］. 水利发展研究，2002（11）.

32. 张立，李继平，何丽. 珠江流域水资源变化趋势分析［J］. 人民珠江，1996（6）.

33. 张立. 浅谈影响水供需预测的要素［J］. 水资源保护，1999（3）.

34. 张立. 广东省水资源保护对策研究［J］. 人民珠江，2002（6）.

35. 张立，姜海萍. 珠江区湿地资源与生态环境干扰［J］. 人民珠江，2005（6）.

36. 姜海萍，周训华，龙江. 港澳地区的原水供给保障策略研究［J］. 人民珠江，2012（1）.

37. 姜海萍，朱远生. 完善水资源保护与水生态修复体系 推进珠江流域水生态文明建设［J］. 中国水利，2013（13）.

38. 姜海萍，朱远生，陈春梅. 珠江流域水生态保护与修复探讨［J］. 人民珠江，2013（增刊Ⅰ）.

39. 周春飞，晏成明，唐德善. 东深工程对港供水补偿水价分析［J］. 人民黄河，2010（4）.

40. 王丽丽. 深入实际 调查研究——东深供水50年报道有感［J］. 对外传播，2015（6）.

41. 李健辉. 谈东深精神［J］. 广东水利水电，1997（5）.

42. 李健辉. 探索新路 开拓前进——广东省东深供水局20年来企业改革历程回顾［J］. 广东水利水电，2001（2）.

43. “东改”铸丰碑 见证两地情［J］. 时代潮，2005（7）.

44. 广东省水利厅. 东深供水工程支撑香港繁荣发展 推进粤港紧密合作［J］. 中国水利，2009（18）.

45. 王美良. 东深供水工程经济调度研究［D］. 南京：河海大学，2006.

三、报告文件

1. 珠江水利委员会. 香港水管理与水供需发展［R］. 1997.

2. 珠江水利委员会. 港澳地区的水供给保障策略研究［R］. 2008.

3. 广东省水利电力厅. 东江流域规划环境影响评价报告［R］. 1987.

4. 广东省水利电力厅. 东江干流水质达标规划报告［R］. 2003.

5. 广东省水利电力厅. 广东省东江流域综合规划修编报告（报批稿）［R］. 2012.

6. 广东省水利厅，广东省环境保护厅. 科学治水——共育绿色东江［R］. 2017.

7. 香港水务署. 应对气候变化：开源·节流（2014—2015年报）［R］. 2015.

8. 香港立法会秘书处资料研究组. 香港的水资源［R］. 研究简报（2014—2015年度），2015（5）.

9. 珠江水利委员会. 珠江流域综合规划（2012—2030）［S］. 2013.

10. 东江流域试点总体方案编制组. 东江流域试点总体方案［S］. 2015.

四、文件

1. 国务院关于全国重要江河湖泊水功能区划（2011—2030）的批复［S］. 中华人民共和国国务院国函［2011］167号，2011.

2. 水利部关于东江流域（石龙以上）水量分配方案的批复［S］. 中华人民共和国水利部水资源［2016］258号，2016.

五、报纸网站

1. 薛歌，吴蕾. 多情东深水——广东省东深供水工程建设回顾与管理纪略[N]. 中国经济导报，2011-12-27（T08）.

2. 广东省水利厅. 悠悠东江润紫荆——写在东深供水工程对港供水50年之际［EB/OL］. 2015-05-28.

3. 香港特别行政区政府环境保护署. 2007年香港河溪水质［EB/

OL］. http://www.docin.com/p-223512799.html.

4. 明报新闻网. 陈茂波反驳东江水贵　指国家投资大［EB/OL］. 2015-05-24.

5. 胡晓明. 东江水供港五十周年有感［N］. 东方日报，2015-06-19.

6. 大公网. 立法会议员考察东江水［EB/OL］. 2017-04-15.

后　记

本书是全国港澳研究会委托课题《香港与内地关系视野中的东江水供港问题研究》（HKM1522）的后期成果，主要从香港经济发展进程中供水系统发展的视角，客观呈现东江水作为香港最主要的供水水源，所担负的确保香港经济稳定和社会可持续发展之重任，以及为维系这一条生命水而默默付出的人们。寄望本书能让香港和内地民众，特别是香港年轻一代，了解当年修建东江—深圳供水工程缘起及事实真相，理解中央政府在国家经济困难时期做出如此重大决策的善意，同时了解东江流域各级政府和群众为保障稳定对港提供优质水源付出的劳动和做出的牺牲。

本书撰写过程中，得到全国港澳研究会、广东省社会科学院、广东省水利厅、河源市水务局、深圳市史志办公室、珠江水利委员会教授级高工张立，以及香港特区政府水务署、香港中联办经济部、香港地方志办公室、香港中文大学何佩然教授的大力支持。香港史专家刘蜀永教授参与了本书的构思和审稿工作，并提供大量资料。我们在此谨向有关部门和专家表示由衷的感谢！

由于时间仓促，书中内容难免有疏漏之处，敬请各位专家和广大读者批评指正。

本书在编纂和出版过程中，得到全国港澳研究会、国务院港澳事务办公室港澳研究所、中央人民政府驻香港特别行政区联络办公室经济部、香港特区政府水务署和广东省水利厅的热情关怀和大力支持，并获得全国港澳研究会和广东省社会科学院资助研究及出版经费。在本书付梓之际，特表鸣谢!